調べようごみと資源 **1**

くらしの中のごみ

監修：松藤敏彦　北海道大学名誉教授　　文：大角修

1 くらしの中のごみ
もくじ

ごみって何だろう？

ごみは最後に残る使い道のないもの

ごみになるもの

スーパーマーケットなどで買った肉や魚などは、たいていトレーに入っていて、その上にラップフィルムがかかっています。でも、家に帰って中身を料理に使うと、ごみに出します。

割れた食器やよごれた紙、料理のくずや食べ残し、こわれてしまった時計もごみにします。まだ使うことができても、古くなった家具や服をごみに出すことがありますね。

なぜすてるのでしょうか？　答えは、いらなくなったからです。それでは、使った人がいらなくなったものが「ごみ」なのでしょうか。

いらなくなったものでも、修理したりきれいにしたりすれば、家具や衣服、家電製品、自動車などはリユース（再使用）できます。また新聞紙や雑誌、アルミかん、ガラスびんなどのように、工場でもういちど原料にもどしてリサイクル（再生利用）できるものもあります。そうして、最後に残るのが、本当のごみなのです。

リユースもリサイクルもしないと、ごみがどんどんふえてしまいますね。

ごみとは

いつのまにか、たくさんのごみが出てくる。そのまま、すてたら……。

法律上、ごみは「廃棄物」とよばれます。

ごみの収集（神奈川県相模原市）

もったいない、
まだ使えるよ（リ
ユース）。

もったいない、
資源にもどせば
ほかの使い道が
あるね（リサイ
クル）。

リユースやリサ
イクルでごみは
へらせるのよ。
でも、その前に
余分なものは買
わないリデュー
ス（発生抑制）
をしないとね。

ごみを分けると

産業廃棄物と一般廃棄物

ごみは大きく2つに分けられる

ごみは、出るところと種類によって、産業廃棄物と一般廃棄物に大きく分けられます。

産業廃棄物は、工業・農業などの産業から出てくるごみのうち、法律で決められた19種と、それらを処理したものの合計20種をいいます。

一般廃棄物は、家から出る家庭系廃棄物と、会社や商店、飲食店などの事業から出る事業系廃棄物に分けられますが、中身は似ています。

産業廃棄物は出した人が責任をもって処理しますが、一般廃棄物は、家庭系も事業系も市町村が処理することになっています。

それから特別管理廃棄物というものもあります。これは一般廃棄物・産業廃棄物のうち、有害性・引火性・腐食性のあるものや、病気が感染するおそれのあるものをいいます。

ごみの分け方

一般廃棄物

産業廃棄物

事業系廃棄物

家庭系廃棄物

特別管理廃棄物

事業系一般廃棄物は、事業者がお金を出して収集・処理してもらっているよ。

＊一般廃棄物の中身は、24ページを見てください。

産業廃棄物に指定されたもの

燃えがら

石炭がらなどの焼却残さ（燃え残り）

汚泥

製造業や建設現場、下水処理場などから出る泥状のもの

廃油

潤滑油、絶縁油、溶剤、タールピッチなど

廃酸

廃硫酸、廃塩酸などの酸性廃液

廃アルカリ
廃ソーダ液、現像液などのアルカリ性廃液

廃プラスチック類

合成樹脂、合成せんい、合成ゴムなどのくず

ゴムくず

生ゴム、天然ゴムくず

金属くず

鉄鋼または非鉄金属などのくず

ガラス、コンクリート、陶磁器くず
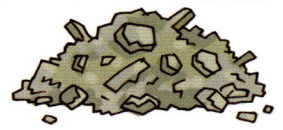
ガラス、コンクリート、レンガ、セメント、陶磁器などのくず

鉱さい

鋳物砂、電炉などの溶解炉から出る石炭かすなど

がれき類
建物などの新築・解体から出るコンクリートやアスファルトなどのくず

ばいじん（飛灰）
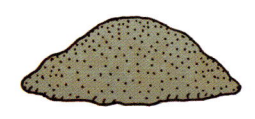
焼却施設で発生する集じん灰

紙くず
建設業、パルプ製造業、製紙業などから出る紙くず

木くず

建設業、木材・木製品業などから出る木くず

せんいくず

天然せんいの布製品をつくるときに出るくず

動植物性残さ

食料品などの製造業から出る固形の不要物

動物系固形不要物
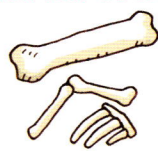
と畜場や食鳥処理場で処理した固形の不要物

動物のふん尿

畜産業で出る牛、ブタ、ニワトリなどのふん尿

動物の死体

畜産業で出る牛、ブタ、ニワトリなどの死体

特別管理廃棄物

特別管理廃棄物には、アスベスト（石綿）・PCB（ポリ塩化ビフェニール）・強い酸やアルカリのように人体に有害なもの、灯油やガソリンのように燃えやすいもの、そして感染性廃棄物などがある。

感染性廃棄物は、病院や診療所などから出る、注射器や手術に使ったメス、血のついたガーゼなどだ。病院内のほかの廃棄物と区別して保管・管理・運搬することが義務づけられ、燃やされている。

感染性廃棄物のバイオハザードマーク

バイオハザード（biohazard）とは、英語で生物による危険という意味。それぞれにマークのついた容器に入れて回収し、処理する。

赤色 血液など

オレンジ色 血液がついたガーゼなど

黄色 注射器やメスなど

＊危険で有害なごみについては、32ページも見てください。

ごみの量はどのくらい？

輸入・生産・消費・廃棄の量

今のくらしをささえているのは

ここで、日本全体で出るごみの量を見てみましょう。まずは下の図を見てください。左側は日本が利用する資源、右側はその使い道です。

日本は海外から資源を輸入したり、国内にある資源を使ったりして、さまざまな製品をつくります。自動車や工業用ロボット、橋やビル・トンネルといった建造物、そして日用品などです。一部は輸出しますが、これらの製品によって、わたしたちのくらしが成り立っているのです。

製品をつくるなかで、いらなくなったものが出てきます。たとえば料理をつくるときに、野菜くずや魚の骨が出るのと同じです。そうしたもの（廃棄物等）は全体の 35% ほどになります。

ここからリサイクルしたり、たい肥などにする分をのぞいた、使い道のない余りものがごみとなります。その量は全体の 26% ほどです。

日本の物質フロー図

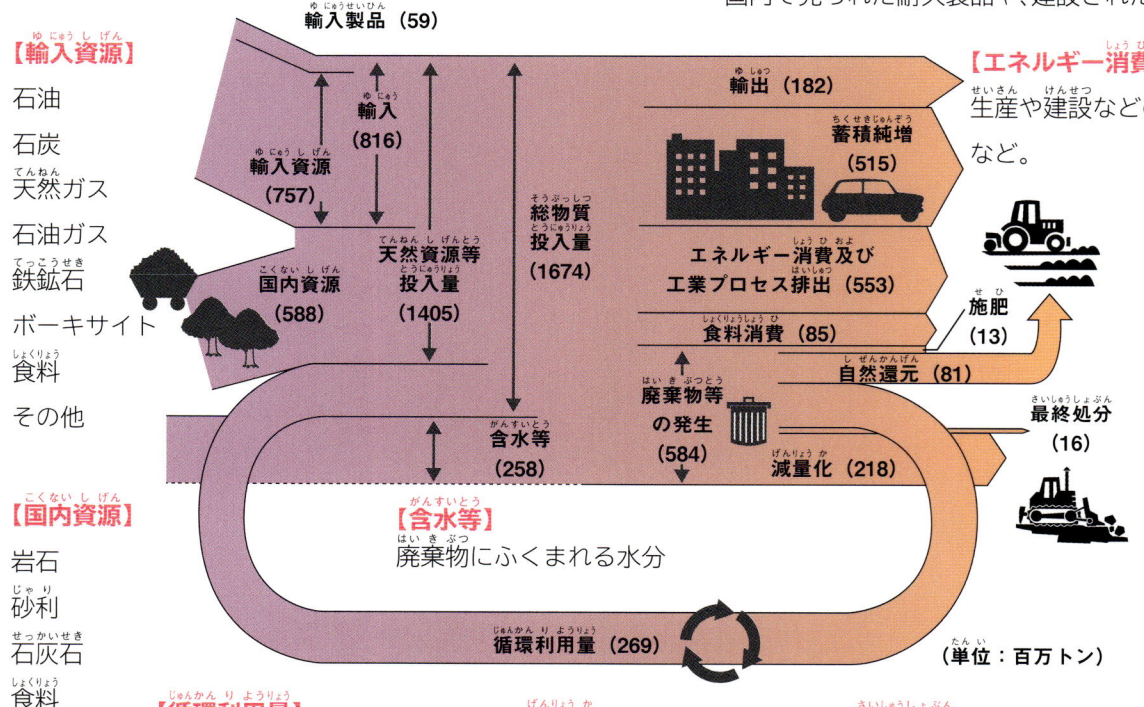

【輸入資源】
石油
石炭
天然ガス
石油ガス
鉄鉱石
ボーキサイト
食料
その他

【国内資源】
岩石
砂利
石灰石
食料
その他

輸入製品 (59)
輸入 (816)
輸入資源 (757)
天然資源等投入量 (1405)
国内資源 (588)
総物質投入量 (1674)
輸出 (182)
蓄積純増 (515)
エネルギー消費及び工業プロセス排出 (553)
食料消費 (85)
施肥 (13)
自然還元 (81)
含水等 (258)
廃棄物等の発生 (584)
減量化 (218)
最終処分 (16)
循環利用量 (269)

(単位：百万トン)

【蓄積純増】
国内で売られた耐久製品や、建設された建物や橋、トンネルなど。

【エネルギー消費及び工業プロセス排出】
生産や建設などのとちゅうで出る排ガスなど。

【廃棄物等の発生】
一般廃棄物と産業廃棄物のほか、いったん不要になったものでも、売れるものや、イネのワラのように、田んぼにそのまますきこまれるものをふくむ。

【自然還元】
廃棄物のうち、自然にかえるものを土にまぜる。

【含水等】
廃棄物にふくまれる水分

【循環利用量】
資源としてリサイクル（再生利用）するなどした量。

【減量化】
おもに焼却などをしてへらした分。

【最終処分】
埋め立て地にうめること。

環境省『平成 28 年版 環境・循環型社会・生物多様性白書』より

都会の風景 都市のくらしは、さまざまな製品によって、ささえられている。(写真提供：Dick Thomas Johnson)

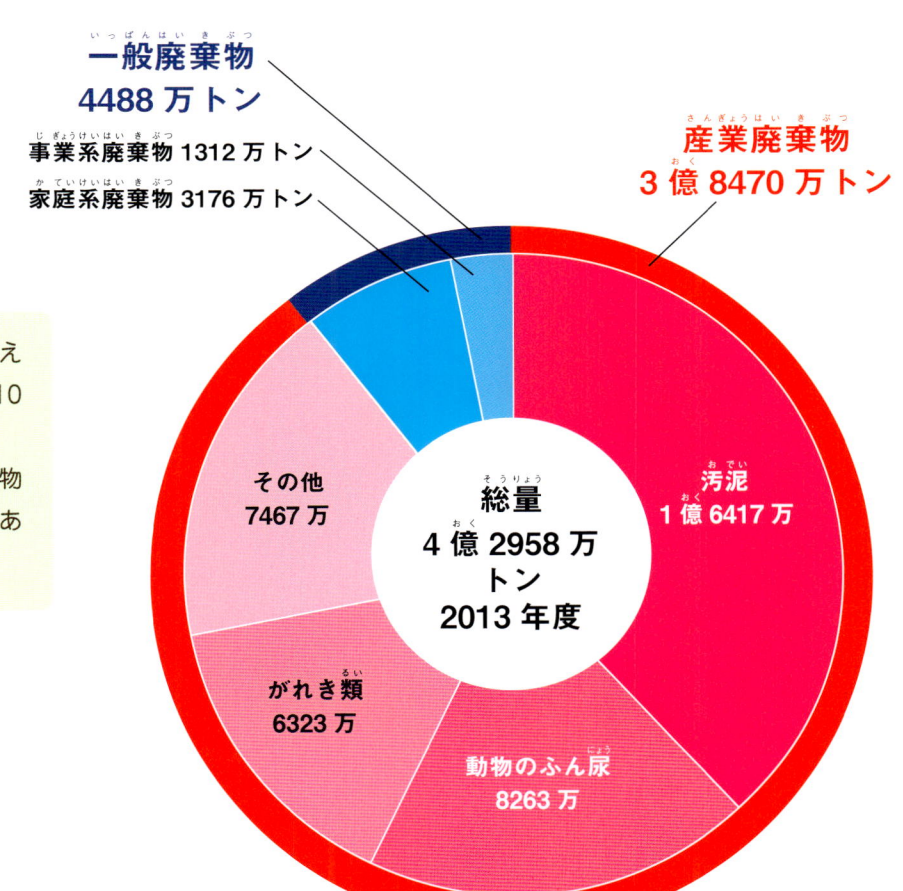

一般廃棄物
4488 万トン

事業系廃棄物 1312 万トン
家庭系廃棄物 3176 万トン

産業廃棄物
3 億 8470 万トン

その他
7467 万

総量
4 億 2958 万
トン
2013 年度

汚泥
1 億 6417 万

がれき類
6323 万

動物のふん尿
8263 万

毎年、日本では 4 億トンをこえる量のごみが出ます。その 10 分の 1 が一般廃棄物です。
産業廃棄物のうち、汚泥と動物のふん尿、それにがれき類をあわせると 80％をこえます。

環境省資料による

いつごろからごみがふえたのか

ごみの量のうつりかわり

下のグラフは東京都の区部のごみの量のうつりかわりです。このグラフを見ると、ごみが急にふえはじめた時期があることがわかります。

それは 1960（昭和 35）年あたりからです。その後、ごみの量は 1972 年ごろまでふえつづけます。このごみがふえた時期は、日本の経済が急速に成長した時期で、高度経済成長期（1955 年〜1973 年）といいます。

この時代を境に、くらしや社会のありかた、そしてごみの処理のしかたも大きく変わりました。

ごみの量のうつりかわり（東京都区部）

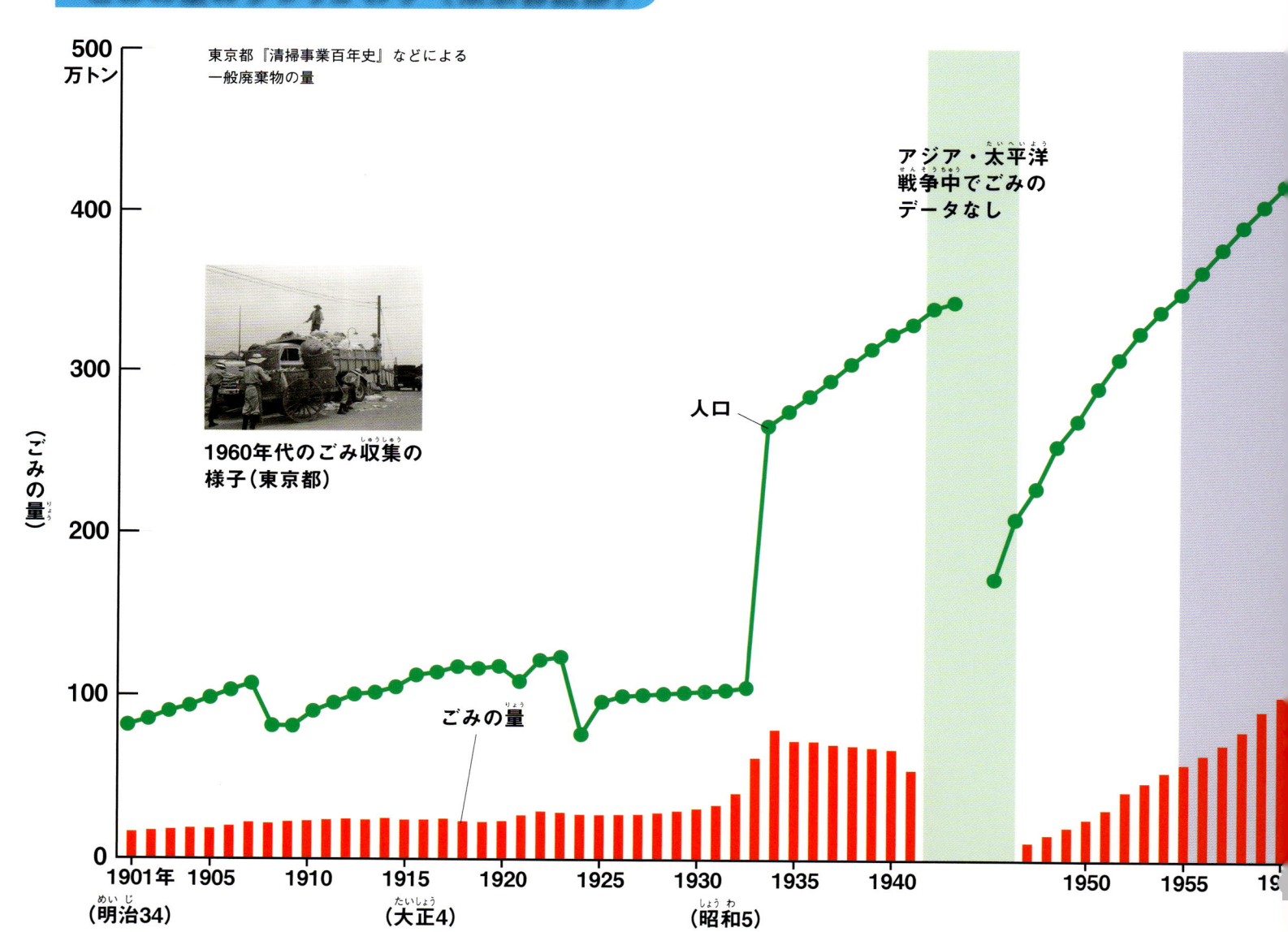

東京都『清掃事業百年史』などによる
一般廃棄物の量

アジア・太平洋戦争中でごみのデータなし

人口

1960年代のごみ収集の様子（東京都）

ごみの量

500万トン

400

300

200

100

0

（ごみの量）

1901年（明治34）　1905　1910　1915（大正4）　1920　1925　1930　1935（昭和5）　1940　1950　1955　19

高度経済成長期以後は

ごみの量は、1986年から1991年ごろにかけて、景気が異常によくなったバブル期にふえ、その後は少しずつへってきています。

近年になってへった理由としては、22ページでお話しするリサイクル関連の法律が整備されてきて、ごみの中の資源物（資源ごみ）を分別して回収するようになったことがあります。事業者もリサイクルに熱心になって、ごみとして出す量をへらすようになりました。また、埋め立て地がな

くなってきて、市町村がごみ減量に積極的になったこともあります。

それでも高度経済成長期以前とくらべれば、4倍以上の量になっています。

くらしとごみはとても関係があるんだな。

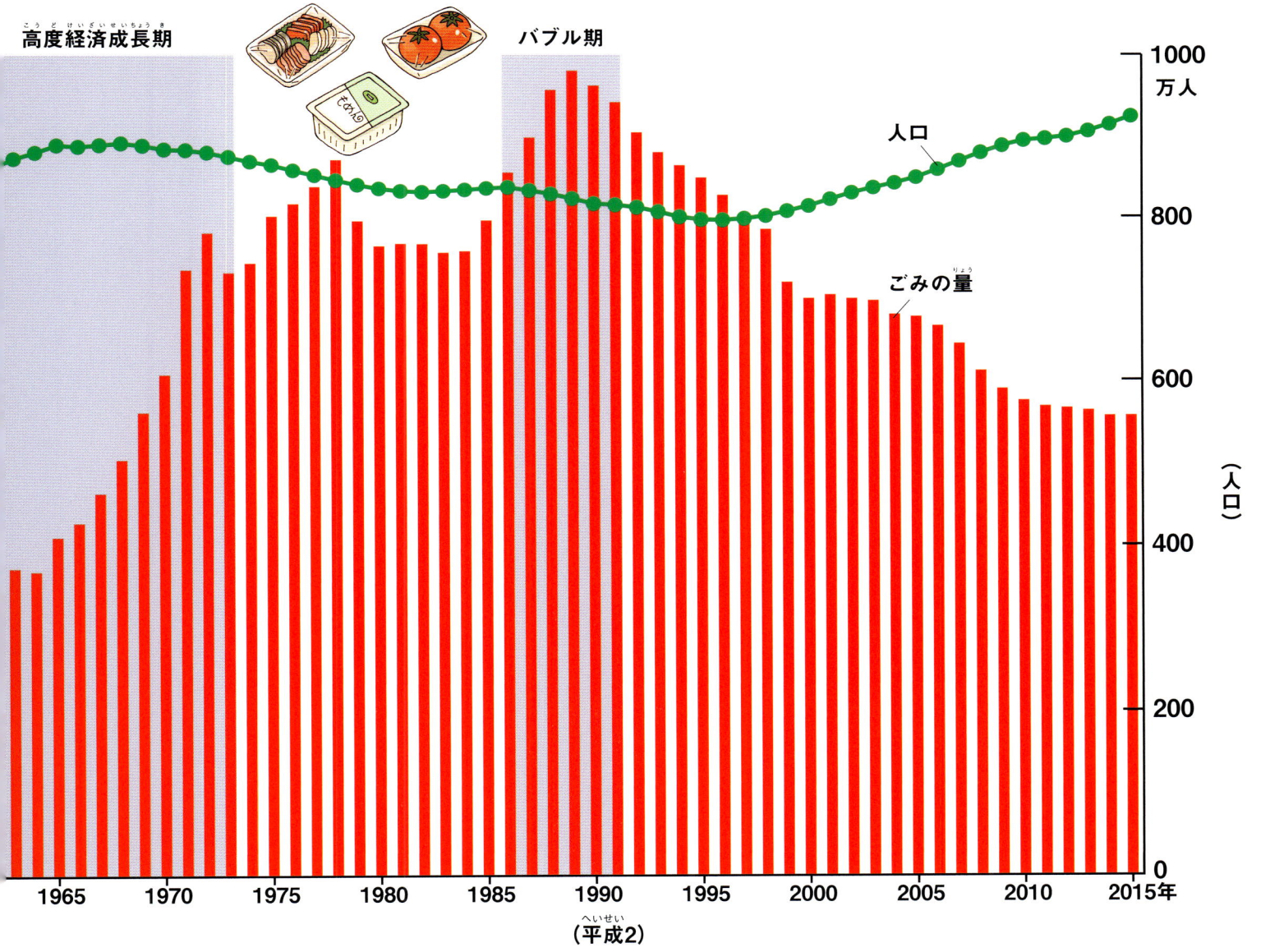

高度経済成長期　バブル期　人口　ごみの量

1965　1970　1975　1980　1985　1990　1995　2000　2005　2010　2015年
（平成2）

1000万人　800　600　400　200　0　（人口）

ごみがふえる前のくらし

60年ほど前のくらし

高度経済成長期以前のくらし

　ごみは1960（昭和35）年ごろからふえたことがわかりました。では、ふえる前のくらしはどうだったのでしょう。

　高度経済成長期の前は家電製品などが広まっておらず、買い物は毎日、必要な量だけ買いました。なぜなら、ほとんどの家に電気冷蔵庫がなかったので、買いおきができなかったからです。

そのころのごみの中身は

　そのころのごみの中身をみると、燃えるものでは、木や竹、ワラ類が多く見られます。それらは日用品の材料として使われていたからです。今では大半がプラスチック製品になっています。

　燃えないものが今とくらべずっと多いのは、燃料に使っていた炭やまき・石炭の燃えかすを、ごみとして出していたからでしょう。

高度経済成長期以前の農村とまち

農村のくらし

　高度経済成長期の前は、国民の大半が農村にくらしていた。当時は電気製品といえば、電球とラジオくらいで、エアコンも電気冷蔵庫もなかった。

そのころのごみの中身

グラフは 1951（昭和 26）年の京都市のごみの中身。燃えないものが多い。25 ページのグラフとくらべてみよう。

> プラスチックがほとんどなかったんだね。

燃えないもの　　**燃えるもの**

京都市のごみの中身 1951 年（重さでくらべたもの）

家庭ごみの
重さ割合
（100％）
1951 年

- ガラス類 2.6
- 紙・セロファン類 20.7
- 土砂・陶磁器・灰 40.2
- 木竹・ワラ類 8.4
- 繊維類 1.9
- ゴム・皮革 1.5
- プラスチック類 1.1
- 動物性残渣 1.3
- 植物性残さ 18.8
- その他可燃物 1.2
- 金属類 2.3

まちのようす

パン屋・八百屋・魚屋さんといった、それぞれの専門のお店がならんでいた。スーパーやコンビニ、自動販売機はなく、買い物客は買い物かごを持っている。

昔からのごみ処理

リユース、リサイクル、うめる・燃やす

農村のごみ処理

農村では米や野菜をつくり、牛やブタ、ニワトリなどを飼っていました。また、必要なものは、身近な材料でつくる自給自足があたりまえで、衣類などのリユースやリサイクルが徹底していて、ごみがほとんど出ませんでした。

その代表的なものがワラです。お米をとったあとのイネの茎や葉のことです。ワラは生活や仕事のあらゆる場面で使われ、最後は肥料になり、自然にかえります。燃やした灰も活用されました。

都市のごみ

農村でつくられた米や野菜は、都市へと運ばれ、売られます。都市の人々は、それらの食料を買って食べます。

都市の便所にたまったふんや尿、また生ごみや灰などは、農村へと運ばれました。それらは米や野菜をつくる肥料となりました。そうしてつくられた食料は、また都市へと運ばれます。江戸時代から70年ほど前までは、このように都市と農村がつながっていたのです。

うめる、燃やす、自然にかえる素材を使う

あなをほってうめる うめたあと、土をかぶせてたい肥にした。

燃やす 落ち葉などいちどにたくさん出るものは燃やしていた。

自然に返るワラの利用 水にぬれてもじょうぶで、生活のすみずみで利用した。

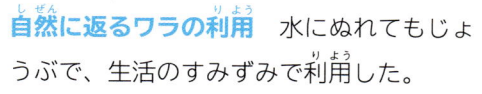

ぞうり

むしろ 地面にしいて作業をした。

みの

もっこ 重いものを運ぶ。

たわら 米や炭などをつめる。

なわ

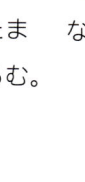
わらづと たまごなどをくるむ。

まちでリサイクル業者が集めたものは

多くの人の集まる都市では、ごみの種類（しゅるい）も量（りょう）も多かった。そのため多くのリサイクル業者がいて、いまでは考えられないようなものもリサイクルされていた。

 **電球** ガラスと金属（きんぞく）を取り出して資源（しげん）に。

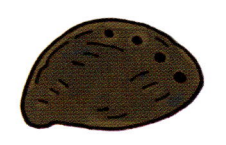 **アワビの貝殻**（かいがら） ボタンにしたり、みがいてかざりに。

 **古紙** 再生紙（さいせいし）やチリ紙にした（2巻参照）（かんさんしょう）。

 **古着・古布**（ふるぬの） ウエスや反毛（はんもう）にした（2巻参照）（かんさんしょう）。

鍋（なべ）　ブリキ箱　羽釜（はがま）　ブリキのバケツ　コード

金属（きんぞく） とかして金属（きんぞく）にもどした。

農村とまちの関係（かんけい）

農家でつくった米や野菜（やさい）をまちで売る。まちは、それらを買ってくらしている。まちのごみやし尿（にょう）は、農家の重要（じゅうよう）な肥料（ひりょう）だった。

まち

米や野菜など（やさい）の作物

農村

ごみやし尿（にょう）

ごみがふえた理由

エネルギーと消費・流通に大きな変化がおこった

エネルギーが変わった

　高度経済成長期がはじまるころ、日本に大きな変化がおこりました。それまでの石炭や炭・まきにかわって、石油や電気が動力や暖房に使われるようになったのです。

　これによって、人や物の輸送が蒸気機関車から電車やトラックなどの自動車に変わりました。また、電気を使った冷蔵庫や洗たく機・テレビなどの家電製品が広まり、生活は大きく変わったのです。

流通のしくみが変わった

　高度経済成長期に全国に広まったのがスーパーマーケット（スーパー）です。

　買い物といえば、それまでは八百屋・魚屋・肉屋などで、お店の人に欲しい量や数をいって買うのがふつうでした。買ったものは木をうすくけずった経木や新聞紙に包んでもらい、家からさげてきた買い物かごに入れました。水気の多いものは鍋に入れたりして持ち帰ることもありました。

買い方の変化

スーパーが登場する前

「はかり売り」といって、必要な数や量をお客が注文して、買い物をした。買い物かごを持っていくのがふつうだった。とうふは売りにくると、鍋やボールを持っていって買った。

スーパーが登場してから

セルフサービスが基本のスーパーでは、魚も野菜もとうふなども、ほとんどがポリ袋やトレーに入れて売られるようになった。飲料の容器も、かんやペットボトルになった。

ところがスーパーでは、プラスチックのトレーやポリ袋に入れた商品をならべて売り、レジ袋につめてくれるようになりました。そうしたプラスチックの容器包装が、ごみとして大量に出るようになったのです。

スーパーのように、新鮮なものを新鮮なまま、大量に売ることができるようになったのは、コールドチェーンという流通のしくみが発達したためです。巨大な冷凍冷蔵施設をもった倉庫から、保冷設備をもった自動車が運び、冷凍冷蔵設備をそなえたお店にとどけるしくみです。

このしくみによって、わたしたちは日本中、世界中の食べ物のなかから好きなものを選んで、手軽に食べられるようになりましたが、一方で食べ物が必要以上にあふれることにもなりました。

🍃ものにあふれたくらしになった

電気冷蔵庫が家庭に広まると、自動車で1週間分の食べ物をいちどに買ってきて、とっておくことができるようになりました。

また、合成せんい製の衣服やテレビ、洗たく機、冷蔵庫、エアコン、それに自動車などが大量生産されると、人々は流行を追い、毎年発表される新製品を競って買うようになりました。その結果、粗大ごみもふえていきました。

多くの人々が都市に住むようになり、10人前後の大家族がへり、4人以下の小家族がふえました。それにあわせ、スーパーなどでは、食品も小さく分けて売るようになり、プラスチックの容器や包装の量がさらにふえました。

コールドチェーンのしくみ

遠くの海でとれた新鮮な魚や野菜などが、くさったりいたんだりしないで家にとどくのは、低温にしてとどけるしくみがあるためだ。このしくみをコールドチェーンといい、日本では高度経済成長期なかばごろから発達した。ここでは、魚を例に見てみよう。

とりたての魚 ➡ 市場 ➡ お店 ➡ 家

とりたての魚は、冷凍されたり、トロ箱に入れられ氷漬けにされる。

卸売り市場から保冷車で、お店に運ばれる。

店では、冷蔵庫や冷凍庫で保管し、小分けしてパックにつめてたなにならべる。

家では、電気冷蔵庫に入れて保管する。

むだづかいがふえた
食品ロスの一方で、食べられない人がいる

豊かになった日本

日本では高度経済成長期に、工業や商業がたいへんさかんになりました。メイド・イン・ジャパンの製品が世界中に輸出され、同時に海外から多くの農産物や衣類を輸入し、くらしは豊かになりました。

高度経済成長によって、日本は世界でもっとも豊かな国のひとつになったのです。同時に、会社や工場で働く人がふえ、農林水産業で働く人はへっていき、都市に人口が集中しました。

都市の住民は、食べ物をつくらずに、お金を出して買います。お金さえあれば、世界中のごちそうを食べることができる時代になったのです。

食品ロス

同時に、衣類や食料をむだづかいする、つまり浪費する時代がはじまりました。まだ食べられるのに食べ物をすてるようになったのです。まだ食べられる食品を失う（ロス）ということから「食品ロス」といいます。

食品ロスのうち、おいしく食べられる賞味期限前にすてているのが、4分の1もあるんだよ。

食品ロスを調べると

日本では、1年間におよそ8339万トンの食料が消費にまわされている。ただし、そのすべてが消費されるわけではなく、およそ8％がむだになっている。

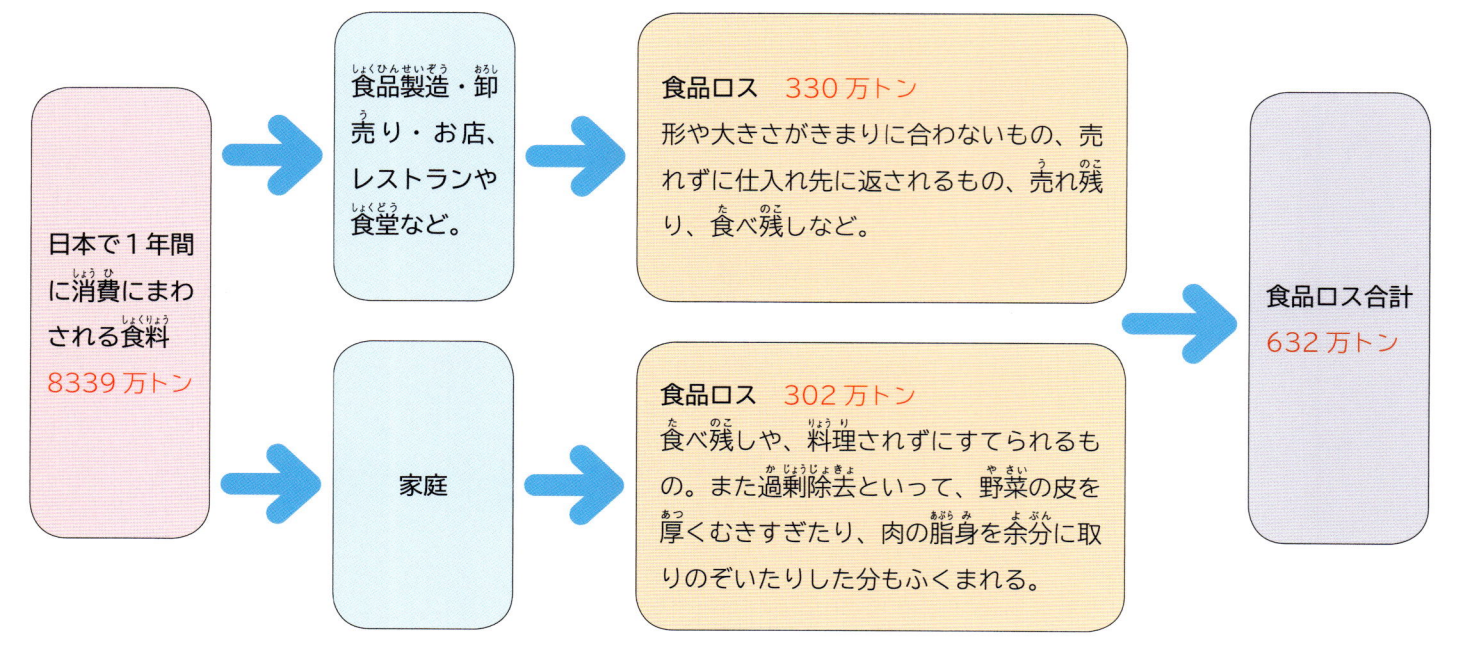

日本で1年間に消費にまわされる食料
8339万トン

→ 食品製造・卸売り・お店、レストランや食堂など。

→ 食品ロス　330万トン
形や大きさがきまりに合わないもの、売れずに仕入れ先に返されるもの、売れ残り、食べ残しなど。

→ 家庭

→ 食品ロス　302万トン
食べ残しや、料理されずにすてられるもの。また過剰除去といって、野菜の皮を厚くむきすぎたり、肉の脂身を余分に取りのぞいたりした分もふくまれる。

→ 食品ロス合計
632万トン

農林水産省資料より

その量は2013（平成25）年度で、家庭以外のレストランやお店などから出る量をたすと、632万トンにもなります。これは、国民1人1日当たり茶碗1杯分のご飯の量と同じです。

🍃輸入にたよる日本の資源

日本の食料自給率は、米の99％をのぞくと低く、多くの食料を輸入に頼っています。パンやケーキの原料の小麦は15％（2015年度）です。

一方で世界では人口がふえつづけています。しかも食料はかんたんには増産できません。食べ物をむだにしている国がある一方、年間1500万人が飢えでなくなり、その70％が子どもです。

食料にしても、衣類にしても、石油や金属も、地球の上のかぎられた資源で、人類の共通の財産ともいえます。少数のお金持ちの国が資源を独占してよいわけはありません。

日本の品目別供給熱量自給率［％］

このグラフから、日本は米をのぞくとほとんどの食料を輸入していることがわかる。とくに肉は、国内で飼育していても飼料を大量に輸入しているため、自給率は低い。平均すると、日本の食料自給率は39％になる。

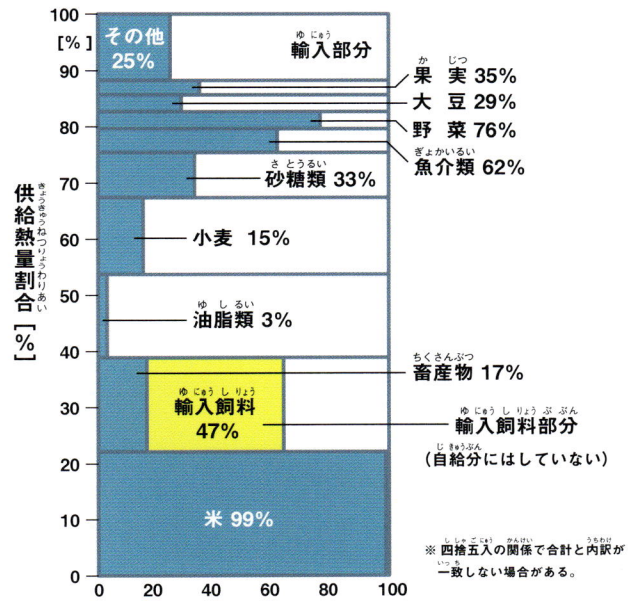

縦軸：供給熱量割合［％］

- その他 25％
- 輸入部分
- 果実 35％
- 大豆 29％
- 野菜 76％
- 砂糖類 33％
- 魚介類 62％
- 小麦 15％
- 油脂類 3％
- 畜産物 17％
- 輸入飼料 47％
- 輸入飼料部分（自給分にはしていない）
- 米 99％

※四捨五入の関係で合計と内訳が一致しない場合がある。

農林水産省『平成27年度食料自給率等について』より

♻ フードバンク（食料銀行）

食品ロスを大量に出している日本でも、じつは、10人に1人は食にこまっているという。

食料のあまっている人と、食料を必要としている人の間をつなぐ活動に、フードバンクがある。まだ安全に食べられるのに、さまざまな理由ですてられる食べ物を集めて、それを必要としている人々や団体にとどける活動だ。

とどけた先の人々に十分な食べ物を口にしてもらい、健康にくらしてもらうことがいちばんの目的だが、食料の節約や、食品ロスがへることにもつながる。

食品ロスは、日本だけでなく世界のあちこちでおこっている。フランスのように、食品ロスを法律で禁じている国もある。

フードバンクに寄付された食品 フードバンクでは、かんづめや加工食品、野菜や果物の生鮮食品、米、賞味期限の近い防災食品の寄付を受け付けている。お弁当や賞味期限のすぎたものは受け付けていない。

（写真：認定NPO法人フードバンク山梨）

豊かになっておこったこと

公害から地球環境問題に

🍃 公害がおこる

高度経済成長期のころから、工業や商業、流通業がさかんになりました。その反面、工場や自動車などの排気ガスによる大気汚染、排水による水の汚染、化学物質による土壌汚染など、さまざまな公害がおこりました。

工場排水による水の汚染では、熊本県水俣市周辺の海と、新潟県の阿賀野川流域でおこった有機水銀による公害があります。また、鉱山のくずから出たカドミウムが川の水にまじり、富山県ではイタイイタイ病がおこりました。

大気の汚染では、工場排煙により三重県四日市市でおこったぜんそく被害などがあげられます。

🍃 「ごみ戦争」がおこる

高度経済成長によって人口が集中し、ごみが一気にふえた都市では、それまでの焼却や埋め立て施設ではとてもまにあわなくなりました。

東京ではひとつの区に埋め立て地が集中し、悪臭と衛生状態の悪化に苦しんだ人々が、焼却場（清掃工場）のない区のごみの運びこみを止めるという「東京ごみ戦争」もおこり、全国でも同じようなことがおこりました。

高度経済成長期以前 1945（昭和20）年～1954（昭和29）年
1945年 アジア・太平洋戦争終戦
1947年 日本国憲法施行
1952年 このころからエネルギーの中心が石炭から石油に変わる
1953年 テレビ放送はじまる
1954年 清掃法施行。ごみは「汚物」といわれていた

高度経済成長期 1955（昭和30）年～1973（昭和48）年
1955年 富山県でイタイイタイ病を確認。全国にごみ焼却場と水道が広まる
1956年 熊本県水俣市で水俣病を確認
1961年 三重県四日市市でぜん息患者多発
1962年 アメリカの生物学者カーソン、DDTなどの農薬の危険を訴える『沈黙の春』発表
1964年 東海道新幹線開業・東京オリンピック開催
1965年 新潟県で「第二水俣病」確認
1967年 公害対策基本法公布
1968年 PCBによるカネミ油症事件発生。大気汚染防止法・騒音規制法公布
1970年 東京・千葉で光化学スモッグ被害多発
1971年 環境庁誕生・廃棄物処理法施行・東京ごみ戦争宣言
1972年 ローマクラブ『成長の限界』発表
1973年 第1次石油ショックで高度経済成長終わる

大きな4つの公害以外にも日本各地で、公害がおこったんだって。

※公害については、42ページも見てください。

そしてそのころから、ごみ処理も衛生面と環境面に配慮した法律がととのえられていきます。

🍃『成長の限界』とオゾン層の破壊

環境を守るため、環境庁（今の環境省）がつくられたのは、1971（昭和46）年のことですが、その翌年、『成長の限界』という報告書がヨーロッパで出されました。それは「今のまま人口増加や環境汚染が続けば、100年以内に地球上の成長は限界になる」というものでした。

高度経済成長期からの大量にものを生産し、大量に消費するくらしは限界がくるというのです。

実際、石油も鉄もアルミニウムも、資源は無限ではありません。そこから、省エネ、省資源ということがさけばれるようになりました。

また、冷蔵庫やエアコンに使われていたフロンが、太陽から出る紫外線をふせいでいる地球上空のオゾン層を破壊することも、南極の上空を調べた結果からわかりました。そのため、そうしたフロン類は生産も使用も中止になりました。

🍃地球温暖化が問題に

フロン類のように便利なうえ安くて、世界中で使われていた化学物質が、あとになって環境に大きな害をあたえるとわかり、製造中止や使用制限された例では、殺虫剤のDDTや、電気部品に使われていたPCB（ポリ塩化ビフェニール）があります。PCBは特別管理廃棄物に指定されています。

さらに今日、大きな問題になっているのが、地球温暖化です。二酸化炭素やメタンガスなどがふえて、太陽の熱を大気にとじこめる割合がふえたためおこる、やっかいな現象です。燃やせば二酸化炭素、うめればメタンガスが発生するごみ処理もこれと無縁ではありません。

高度経済成長期以後 1974（昭和49）年〜1999（平成11）年
1977年 滋賀県の琵琶湖で赤潮発生
1982年 東北地方で自動車のスパイクタイヤの粉じん被害が問題化・南極昭和基地でオゾンホール観測
1986年 ソ連（今のウクライナ）でチェルノブイリ原発事故
1987年 フロンガス半減をめざすオゾン層保護条約議定書調印
1992年 ブラジルのリオデジャネイロで「地球サミット」。行動計画として「アジェンダ21」採択
1993年 環境基本法施行
1995年 阪神・淡路大震災がおこる
1997年 地球温暖化防止京都会議（COP3）開催・京都議定書採択・容器包装リサイクル法施行
1998年 地球温暖化対策推進法公布
1999年 ごみ焼却場のダイオキシンが社会問題化

2000年になってから 2000（平成12）年〜
2000年 循環型社会形成推進基本法公布・容器包装リサイクル法・ダイオキシン類対策特別措置法施行
2001年 環境省発足・家電リサイクル法・食品リサイクル法施行・グリーン購入法施行
2002年 建設リサイクル法
2005年 自動車リサイクル法施行
2011年 東日本大震災おこる。福島第一原発事故
2012年 テレビのデジタル化、全国で実施
2013年 小型家電リサイクル法施行
2015年 第21回気候変動枠組条約締約国会議（COP21）で「パリ協定」合意
2016年 熊本地震おこる
2020年 東京オリンピック開催予定

※容器包装リサイクル法についてはこのシリーズの3巻を見てください。

今のごみ処理のしくみ

衛生・公害・地球環境に配慮して

今のごみ処理の考え方

　ごみ問題は、くらしと環境に深くかかわっていることを今までに見てきました。

　ごみ処理は、衛生問題、公害問題、地球環境問題と切りはなすことができなくなっています。

　現在の日本では、その3つの大きな課題の中で、ごみ処理のしくみがつくられました。それは地球規模の環境問題をふまえて成立した環境基本法という法律と、それをもとにした循環型社会形成推進基本法です。循環とは「めぐる」という意味で、ごみを資源として循環させる社会をめざす法律です。

　そのほかにごみを正しく処理して環境をよごさないことを中心とする廃棄物処理法、ごみを資源として再生利用することを進める資源有効利用促進法があります。また、具体的にリサイクルをすすめるため、製品別にリサイクル法がつくられています。とくに製品をつくった会社が、その収集やリサイクルに責任をもつべきであるという拡大生産者責任の考え方は、容器包装リサイクル法、家電リサイクル法にいかされています。

　さらには、再生品が使われないと本当のリサイクルにならないので、再生品を国などが優先して購入するグリーン購入法があります。

現在のごみ処理関連の法律

環境省「循環型社会を形成するための法体系」より作成。写真も同省

環境基本法 — **循環型社会形成推進基本法**

環境をまもるために、国や市町村、企業や国民がはたさなければならない責任を定めるとともに、国がどのようなことをおこなうべきかについて、おおもとの考え方をとりまとめた法律。

資源のむだづかいをへらし、環境への影響をおさえる「循環型社会」をつくるために、廃棄物の処理やリサイクルについての基本的な考え方をとりまとめた法律。

むずかしい漢字がならんでいるけど、ごみを資源にするってことね。

廃棄物処理法

ごみの出る量をへらし、それぞれのごみにあった処理をして、リサイクルをすすめるための法律。ごみ処理施設や、ごみを処理するときの規則や基準を定めた。

資源有効利用促進法

再生資源のリサイクルと、リサイクルをすすめるために製品の構造や材質のくふうをすること、分別回収しやすくするための表示方法などを定めた法律。
あわせて、副産物（製品をつくるときに出てくる不要なもの）の有効利用も促進する。

容器包装リサイクル法

びん・ペットボトル・プラスチック製容器包装・紙製容器包装について、リサイクルのしかたを定めた法律（第3巻を見よう）。

家電リサイクル法

大型の家電製品について、リサイクルのしかたを定めた法律。エアコン・冷蔵庫・冷凍庫・テレビ・洗たく機・衣類乾燥機が対象（第4巻を見よう）。

食品リサイクル法

食品の加工などを行うときに出るごみや、売れ残り・食べ残しを、肥料や家畜の飼料などにリサイクルするための法律。

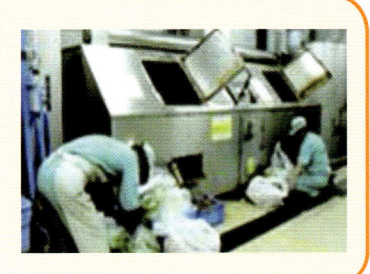

建設リサイクル法

解体工事や新築工事などで出た木材やコンクリート、アスファルトをリサイクルするための法律。

自動車リサイクル法

自動車をリサイクルするための法律。カーエアコンやエアバッグなどの処理についても定めている（第4巻を見よう）。

小型家電リサイクル法

家電リサイクル法が対象とする以外のスマートフォンやデジタルカメラなどの小型家電について、リサイクルのしかたを定めた法律（第4巻を見よう）。

グリーン購入法

リサイクル製品などを、国や市町村などが優先して買い入れることをすすめる法律。

ごみの分別
家から、店から、工場から

ごみを資源にするための一歩

循環型の社会をつくるうえで、ごみの分別は大切な一歩です。昔から、「まぜればごみ　分ければ資源」といわれるように、ごみを分別して集めれば、資源として再利用することができるようになるからです。

そのため、以前の燃やすごみ、燃やさないごみ、粗大ごみという大まかな分別から、古紙や古布、かんやびん、ペットボトルといった資源物（資源ごみ）を分別回収する今日のしくみができました。

また、日本では古くから古紙や布・衣類は、リサイクルがさかんで、回収のしくみもできていました。そのしくみは、現在の「集団回収」としていかされ、資源物の回収に役立っています。

こうして分別収集されたごみは、中間処理をされたあと、リサイクルするものはふたたび商品になり、最後は埋め立て地で最終処分されます。

分別のしかたは市町村によってさまざまです。多分別といって、30種類くらいの分別をおこなっているところもあります。右の図は、環境省が一般的な分別のしかたをしめしたものです。

ごみの分別の例

環境省「一般廃棄物処理計画」より

- 🟩 市町村が収集するごみ
- 🟨 集団回収し市町村も回収するごみ
- 🟪 市町村が収集することもあるごみ
- 🟥 市町村が収集しないごみ

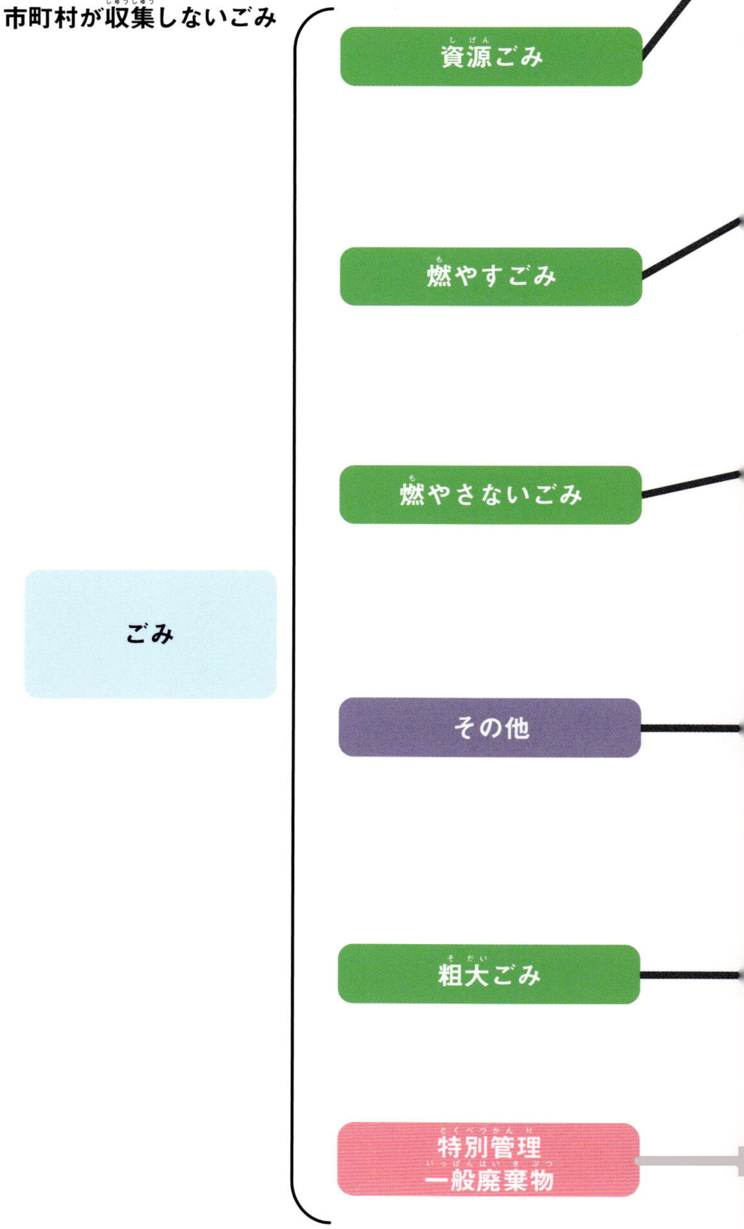

ごみ
- 資源ごみ
- 燃やすごみ
- 燃やさないごみ
- その他
- 粗大ごみ
- 特別管理一般廃棄物

＊多分別についてはこのシリーズの5巻を見てください。

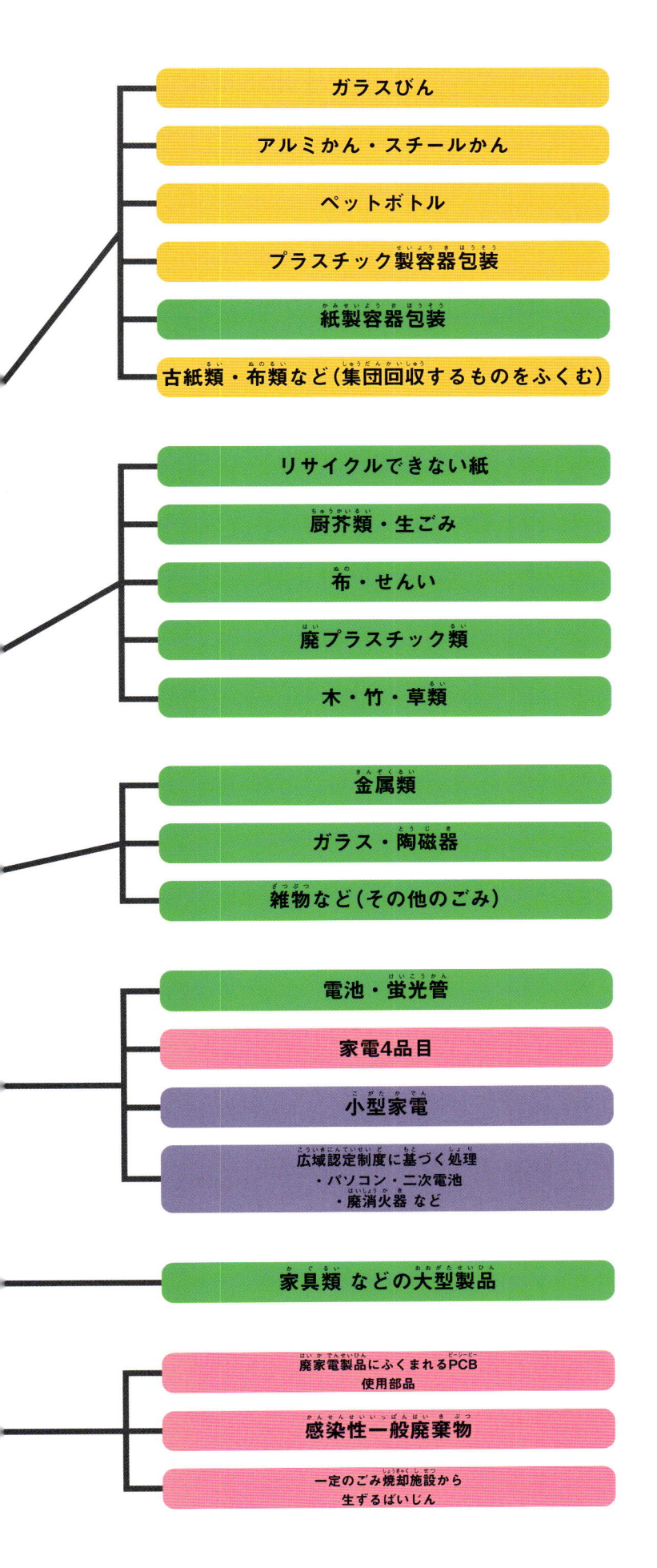

- ガラスびん
- アルミかん・スチールかん
- ペットボトル
- プラスチック製容器包装
- 紙製容器包装
- 古紙類・布類など（集団回収するものをふくむ）

- リサイクルできない紙
- 厨芥類・生ごみ
- 布・せんい
- 廃プラスチック類
- 木・竹・草類

- 金属類
- ガラス・陶磁器
- 雑物など（その他のごみ）

- 電池・蛍光管
- 家電4品目
- 小型家電
- 広域認定制度に基づく処理
  ・パソコン・二次電池
  ・廃消火器 など

- 家具類 などの大型製品

- 廃家電製品にふくまれるPCB使用部品
- 感染性一般廃棄物
- 一定のごみ焼却施設から生ずるばいじん

今は、ごみは分別して出されるようになっている。左は資源物（資源ごみ）。右はその他の危険なごみ。

家庭ごみの中身の例

　家庭から出るごみは、13ページのグラフとくらべると、燃やすごみがふえた。とくにプラスチック類の割合が大きい。燃やさないごみの割合は、1950年ころにくらべるとずっと少ない。

燃やさないごみ

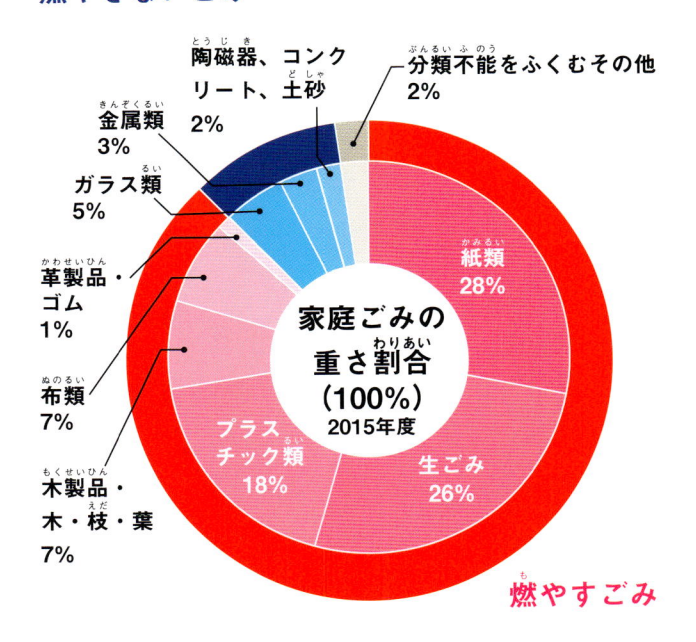

家庭ごみの重さ割合（100%）2015年度

- 陶磁器、コンクリート、土砂 2%
- 分類不能をふくむその他 2%
- 金属類 3%
- ガラス類 5%
- 革製品・ゴム 1%
- 布類 7%
- 木製品・木・枝・葉 7%
- プラスチック類 18%
- 生ごみ 26%
- 紙類 28%

燃やすごみ

札幌市家庭ごみ組成調査（2015年度　湿重量）より

ごみを燃やす

焼却炉で燃やす

🍃 全国でどのくらい燃やしているか

　環境省の資料によると、日本には2014（平成26）年度で、一般廃棄物用の焼却施設（清掃工場）が1162あります。一般廃棄物4184万トンのうち、約80％にあたる3347万トンがこれらの施設で燃やされています。

ごみを燃やす施設と燃やす量

　世界では燃やさずにそのままうめる国が多く、日本は焼却大国といわれている。20年前には1800以上の施設があったが、ダイオキシン問題が発生してから小さな施設が廃止され、現在では1162か所にへった。

　また、ごみを燃やした熱を利用して発電をしている施設が338あり、全体の約3割にあたる。

■ 直接焼却　　■ 資源化などの中間処理
■ 直接資源化　　■ 直接最終処分

　ごみを燃やすと、どんなよいことがあるでしょう。

　第一は、重さとかさ（容積）をへらせることです。燃やせるごみの場合、燃やすとごみの重さは5分の1から10分の1に、容積は20分の1になります。

　また生ごみは、燃やすと灰になります。くさる

清掃工場　ごみを安全に燃やす焼却施設がある。（東京都中央清掃工場）

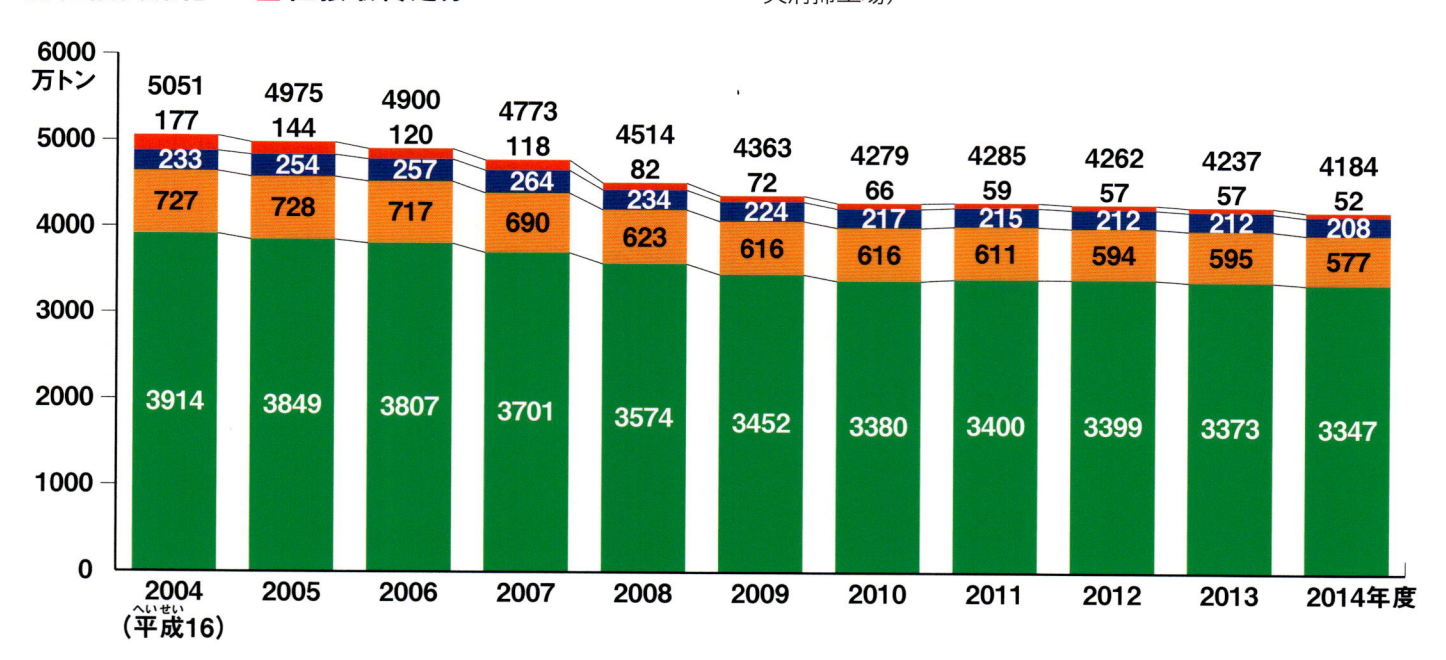

	2004（平成16）	2005	2006	2007	2008	2009	2010	2011	2012	2013	2014年度
合計	5051	4975	4900	4773	4514	4363	4279	4285	4262	4237	4184
直接最終処分	177	144	120	118	82	72	66	59	57	57	52
直接資源化	233	254	257	264	234	224	217	215	212	212	208
資源化などの中間処理	727	728	717	690	623	616	616	611	594	595	577
直接焼却	3914	3849	3807	3701	3574	3452	3380	3400	3399	3373	3347

（縦軸：6000万トン）

＊ごみの焼却と清掃工場についてはこのシリーズの5巻を見てください。

ことはなくなり、病原菌は死にます。つまり、燃やせばそのままうめるより、埋め立て地を長く使うことができ、よごれた水も出にくくなるのです。

● ごみを燃やすとおこる問題

ただ、燃やすことによる問題もあります。

ごみにはいろいろな成分がふくまれ、燃やすと、水銀や鉛など人体に有害なものが排ガスにまじったり、ダイオキシン類がつくられたりします。

こうした排ガスから、小さな粒子である飛灰（ばいじん）を取りのぞくためには、いろいろな装置が必要です。燃えたあとの灰や燃えがらも安全に

うめたてなければなりません。

また、燃やすとどうしても地球温暖化を進める温室効果ガスの二酸化炭素が出ます。

そうした問題はあるのですが、日本ではうめたて処分する最終処分場がたりなくなるおそれがあるので、燃やすことが欠かせません。

同じ燃やすなら、燃やした熱を利用して発電したり、蒸気や温水を利用したりすることが大切です。さらには、生ごみを集めて、燃やさずに発酵させてメタンガスを取り出したり、一部をたい肥にすることも行われています。

ごみ発電と新エネルギーの組み合わせ

ごみを燃やして発電すれば、ただ燃やすよりもエネルギーを有効に使えるということで、さかんになっている。さらに風力や太陽光といった自然エネルギー（新エネルギー）による発電と組み合わせ、より安定した電気を地域に供給していこうという取り組みもある。

ごみ発電は24時間、電気をつくっているのよ。

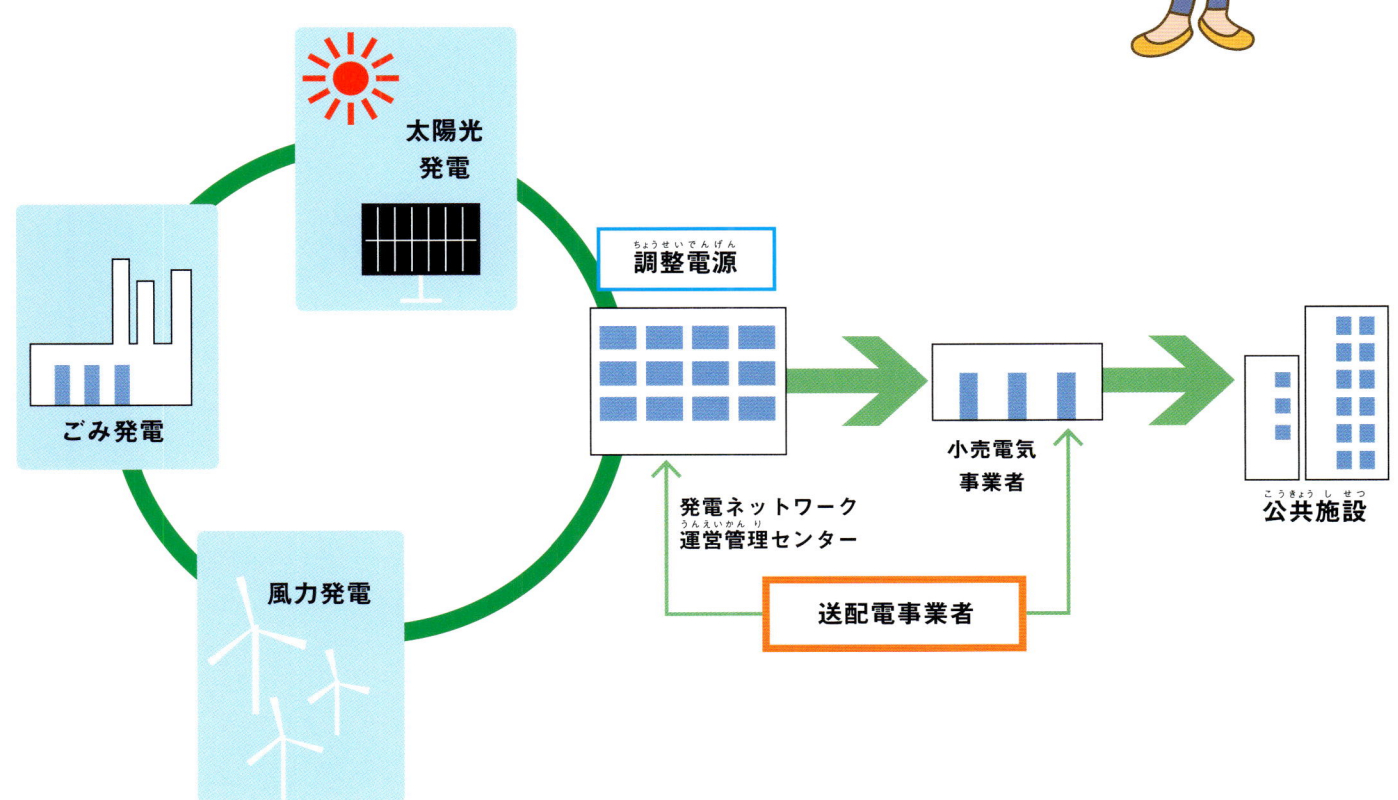

太陽光発電

調整電源

ごみ発電

発電ネットワーク運営管理センター

風力発電

送配電事業者

小売電気事業者

公共施設

リサイクルの目的は

集めたあとのことも考えよう

リサイクルのよい点

資源物（資源ごみ）をリサイクル（再生利用）すると、どんな利点があるでしょうか？

①ごみとして処理する量がへる

②製品をつくるのに使う天然資源の量がへる

③エネルギーの使用量がへる

④大気や水のよごれがへる

などがあげられます。

そのため、22ページで取り上げたように、さまざまなリサイクル法が制定され、リサイクルがすすめられています。

リサイクルの流れと効果

リサイクルの流れ

リサイクルとは、消費され、使用されなくなったものを、ふたたび素材にもどすことだ。
そのためには、分別と破砕・選別をして、まざりもののない素材にしなければならない。
紙を例にその流れをしめした。

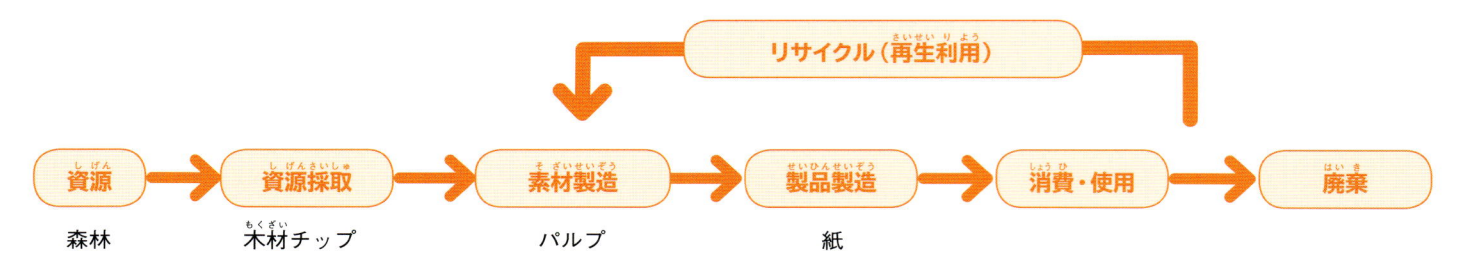

リサイクル（再生利用）

資源	→	資源採取	→	素材製造	→	製品製造	→	消費・使用	→	廃棄
森林		木材チップ		パルプ		紙				

リサイクルの効果

もとの原料から製品をつくるのに必要なエネルギーを100%として、リサイクルする場合、必要なエネルギーがどれも大きくへることがわかった。

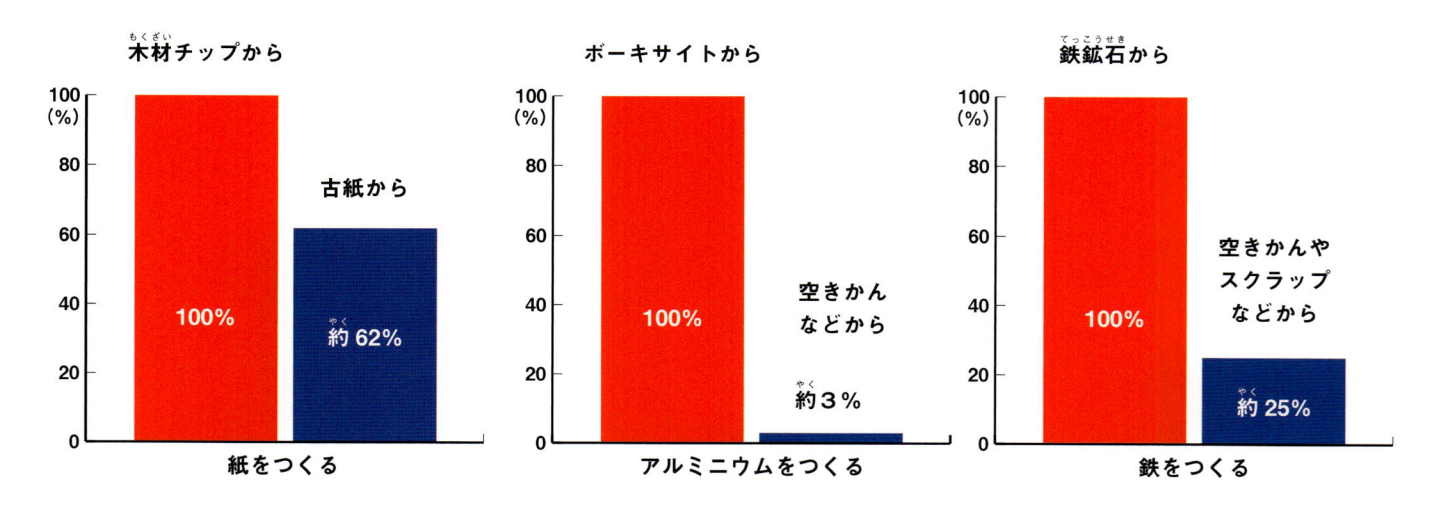

木材チップから ／ **古紙から**
100% ／ 約62%
紙をつくる

ボーキサイトから ／ **空きかんなどから**
100% ／ 約3%
アルミニウムをつくる

鉄鉱石から ／ **空きかんやスクラップなどから**
100% ／ 約25%
鉄をつくる

※ごみからエネルギーを回収することもリサイクルのひとつの方法で、サーマルリサイクルという。

🍃 リサイクルの問題点

処理しなければならないごみをへらすためには、リサイクルは大切な手段です。

しかし、やり方によってはエネルギーやお金をたくさん使ったり、ごみがあまりへらない結果になってしまうこともあります。

その理由として、

①リサイクルのための収集には人手とお金がかかる

②集めたあとの処理にお金とエネルギーがかかる

③選別すると、一部はごみになる

④リサイクルして製品にしても、売り先がない（出口がない）

などがあげられます。

リサイクルのためにお金をかけて運送し、工場でたくさんのエネルギーを使って製品をつくったけれど、売れて使われることがなければ、リサイクルがよいとはいえませんね。

リサイクルをするのには

リサイクルは、資源を大切に使うという意味で、役に立つ手段だが、やり方をまちがうと、ちがった結果になることがある。家庭で分別し、市町村や集団で回収して、人手や機械でリサイクルしても、できた製品の品質がおとっていたりすると使ってもらえず、ごみになってしまうことがある。

せっかくリサイクルしても、うまくいかない場合があるんだな。

ごみがきちんと分別できたか？

選別するとごみになるものもある。それはどのくらいか？

製品が受け入れてもらえず、ごみになることはないか？

| 分別 | → | 収集 | → | 選別 | → | 製品の質がよくない | → | 売れずにごみになる |

ごみ収集車を動かし、人が集める。お金がかかりすぎないか？

リサイクルして製品をつくった。品質が悪いので、よい品質のものとまぜて使うことはないか？

ごみをうめたてる

最終処分場を長もちさせるには

埋め立て地の新設がむずかしい

ごみのうめたては、ずっと昔から行われてきました。

最初は、なにもかもうめていたのですが、今では5巻でも紹介しているように、燃やしたときに出る灰や、リサイクルができないものをうめたてています。

埋め立て地は、ごみが最後にたどりつく場所です。そのため最終処分場といわれます。

最終処分場は満杯になる前に、新しい処分場をつくっておかなければなりません。しかし、それはとてもむずかしいことです。

最終処分場にかぎらず、ごみ処理施設を新たにつくることそのものがむずかしいのです。環境や健康への影響を理由に反対する人や、ごみ処理施設は必要でも、自分の家の近くであってほしくないという気持ちの人も多いからです。

そうしたなか、最終処分場をできるだけ長もちさせるため、ごみを燃やして量やかさをへらしたり、リサイクルを進めたりしています。

全国の一般廃棄物最終処分場の残余容量と残余年数の変化

残余容量はあとどのくらいの量をうめたてできるかのこと。
残余年数は、あと何年うめたてができるかをしめす。

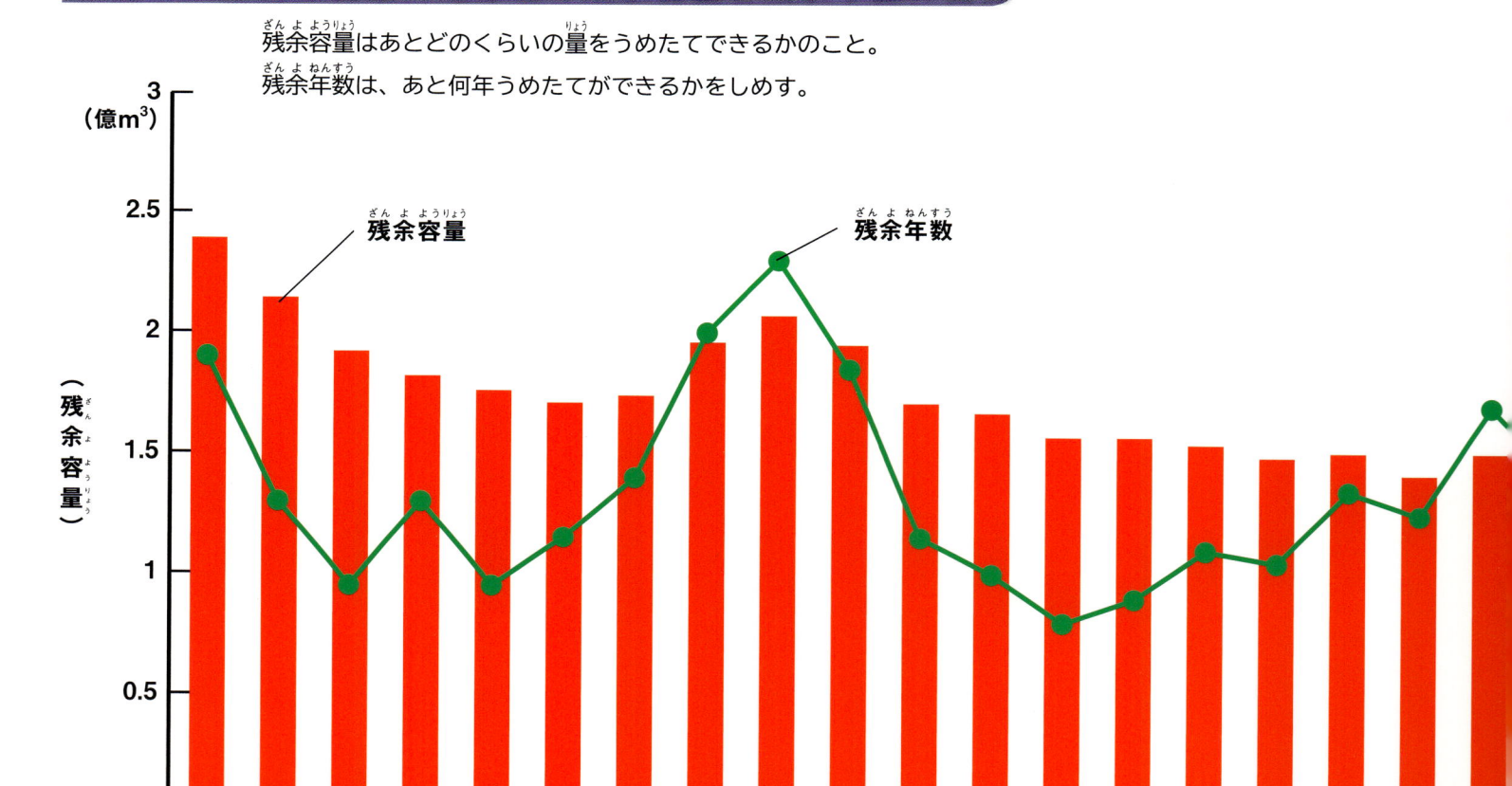

1976（昭和 51）年ころの東京都の埋め立て処分場（最終処分場） そのままうめたてていたことがわかる。

現在の東京都の埋め立て処分場 うめたてるものが、こまかな破片か灰になっているのがわかる。

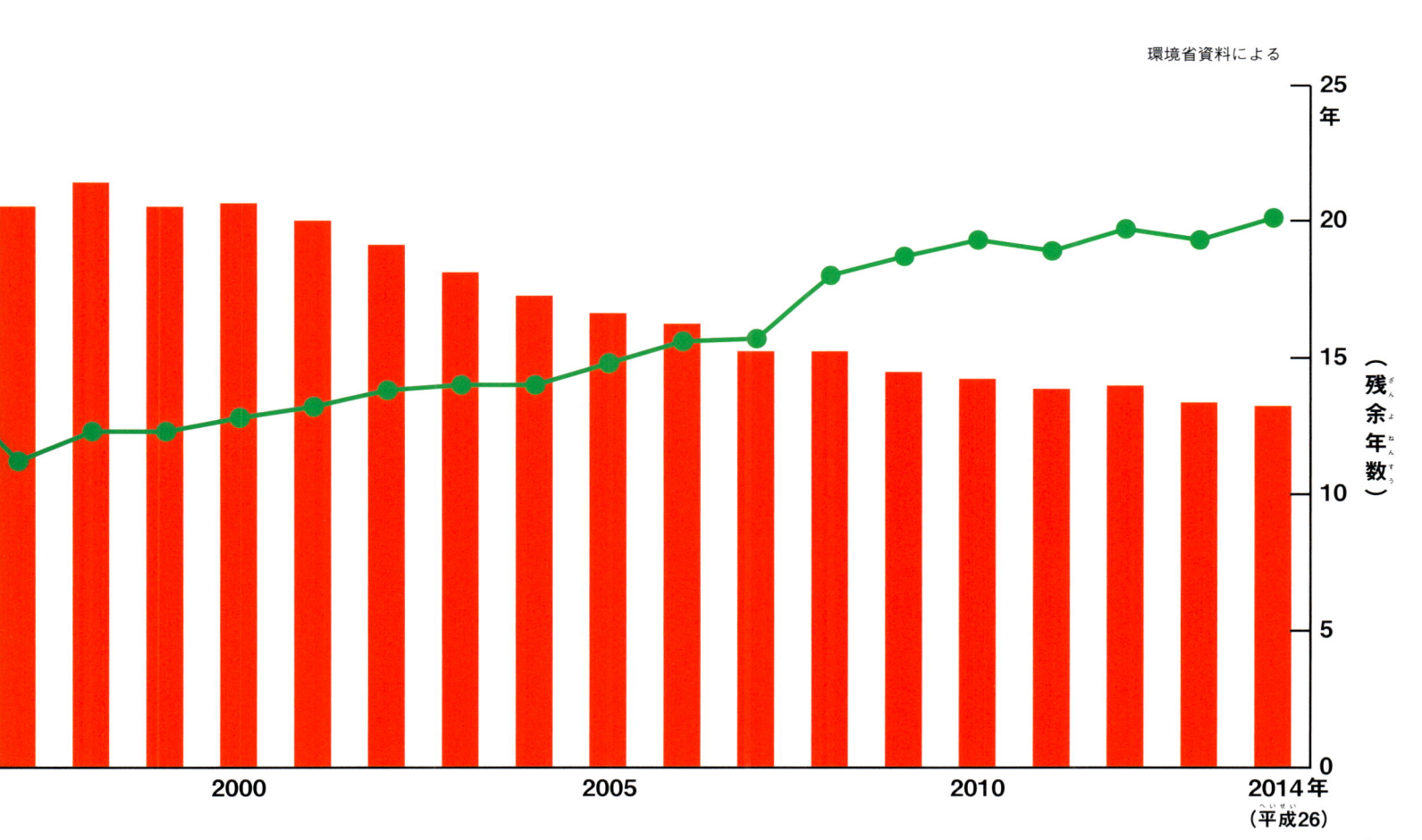

環境省資料による

25 年

20

15

（残余年数）

10

5

0

2000　　　　　2005　　　　　2010　　　　2014 年
（平成26）

危険なごみ・有害なごみ
カッターやナイフ、スプレーかんなど

便利だったが

人間は火や刃物のような危険なもの、毒があるものなどをうまく使いこなして、文明を築いてきました。

しかし強い毒性に気づかずに使ってきて、その後禁止されたものもあります。水銀は長いこと殺菌剤として使われました。また、鉛は食器の材料となってきました。そのほか、おもに建物の断熱材や自動車のブレーキに使われていた鉱物のアスベストが、人体に有害であることがわかり、使用禁止になりました。

PCBやフロン類のように、発明された当時は、画期的な製品としてさまざまなところに使われ、あとになってその毒性や環境への悪い影響が明らかになった化学物質もあります。

それらの中には特別管理廃棄物（7ページ参照）に指定されているものもありますが、それ以外にも家庭には危険なごみがねむっていることがあります。トイレの洗浄剤、家庭菜園の農薬、塗料やその溶剤、石油ストーブの灯油などです。

それらは市町村で収集しない場合が多く、物置や庭のすみにおかれたままになっていることが多いようです。

危険で有害なごみの例

水銀がふくまれているもの

体温計
透明な袋に入れる。

蛍光管
買ったときのケースに入れる。

電池 現在製造されている電池には水銀が入っていないが、古い電池にふくまれていることがある。セロファンテープで極をおおう。

爆発の危険のあるもの

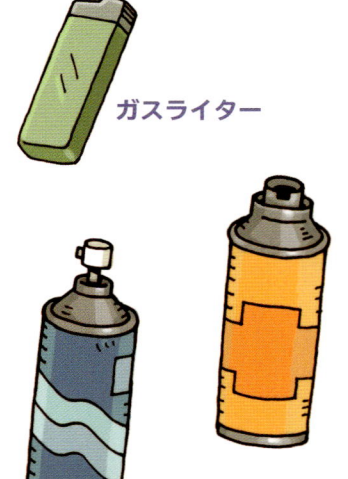

ガスライター

スプレーかん
使い切ってから出す。スプレーかんにあなをあけるかどうかは、市町村によってちがう。

カッター、包丁など

包丁

カミソリの刃

カッター

はさみ

小刀

ノコギリ

針

刃の部分や全体を紙でくるんだりしてから出す。

＊ボタン電池や充電池の出し方はこのシリーズの4巻を見てください。

家にある有害なごみの調査

日本では、家庭でいらなくなった農薬や塗料、洗浄剤などはごみ収集のしくみからははずされている。しかし、それらの中には、人体に害があるものもある。また、市町村で収集してもらえないため、どう処分するのがよいかわからない人も多い。

そこで、北海道大学では、2012（平成24）年から2013年にかけて、旭川市の家庭内で保管されている有害廃棄物の調査を行った。

その結果をみると、塗料、農薬、洗浄剤の順に多かった。それらを保管している理由としては、いらないけれど、処分の方法がわからないと答えた人がほとんどで、とくに農薬は10年以上も保管している場合が多かった。

市民の健康をまもるため、有害性廃棄物は、製造者・販売店と市町村が協力して回収・処理するしくみづくりが求められている。

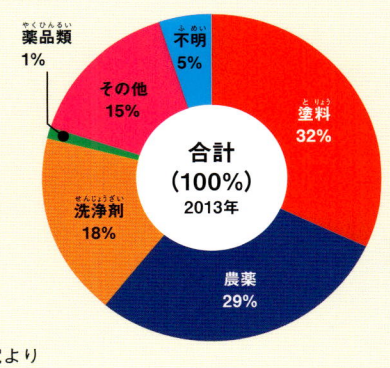

調査で回収された有害ごみ 右は回収されたごみの種類別個数の割合。総数6980個のうち、塗料・農薬・洗浄剤で80%近くになる。

（円グラフ）
- 薬品類 1%
- 不明 5%
- その他 15%
- 塗料 32%
- 農薬 29%
- 洗浄剤 18%
- 合計（100%）2013年

1斗缶を除く。北海道大学の研究より

多くの市町村で収集しないものの例

趣味の大工仕事や模型づくりの塗料、家庭菜園の農薬などからトイレの洗浄剤、消火器、暖房用の灯油などは、ごみとして市町村が収集してくれないこともある。

今の日本には、こうした有害なごみの処理の基準がなく、販売店やメーカーに相談したり、インターネットで調べたりすることになる。ただ、その結果わかった処理方法と、市町村ごとのきまりがことなる場合もあり、大変やっかいな問題になっている。

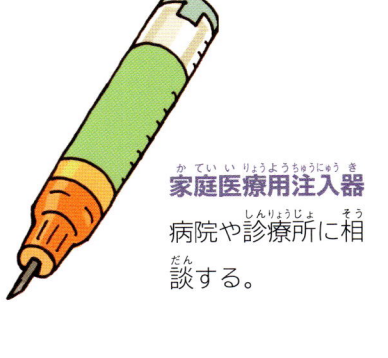

家庭医療用注入器 病院や診療所に相談する。

塗料 固化剤でかためたり、新聞紙にしみこませて乾かし、燃やすごみに出す。

灯油 使い切ること。販売店に相談。

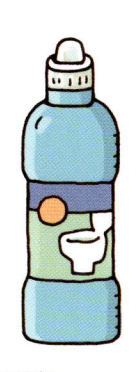

洗浄剤 使い切る。販売店に相談。

消火器 国産品は、販売店などでリサイクルするルートがある。

農薬 少量の場合は、使い切ること。多量の場合は産業廃棄物処理業者に連絡する。

災害とごみ
大量のごみが出る

災害の後のごみ処理は大変

日本は地震がとても多い国です。また台風、集中豪雨、水害、土砂くずれなどの災害も毎年のようにおこります。

災害がおこるたびに、大切な人命が失われると同時に、大量のごみが出ます。これを災害廃棄物といいます。

2011（平成23）年3月11日におこった東日本大震災は、1000年ぶりともいわれる大地震と大津波により、東北・関東地方にかけて、死者1万9418人、不明2592人、全壊した家12万1809軒という大災害となりました（2016年3月現在）。

また2016年には熊本県でも大きな地震がたてつづけにおこり、死者50人、全壊した家8643軒の被害をもたらしました（2018年6月現在）。

災害がおこったあと、人命救助が何より急がれますが、その後は、災害廃棄物を選別して、それぞれに適した処理を行わないと、復旧が先へ進めません。

災害廃棄物の量

東日本大震災では、太平洋沿岸部を中心に、13道県239市町村において災害廃棄物約2000万トン、津波堆積物約1100万トンが発生した。

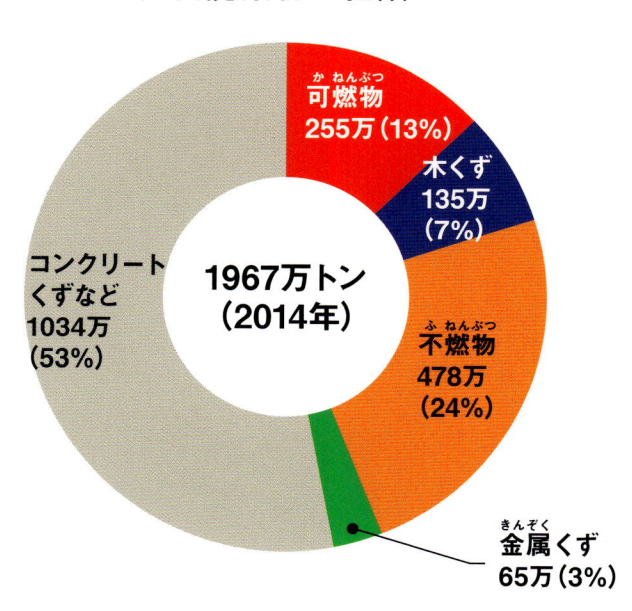

災害廃棄物の種類

- 可燃物 255万（13%）
- 木くず 135万（7%）
- 不燃物 478万（24%）
- 金属くず 65万（3%）
- コンクリートくずなど 1034万（53%）

1967万トン（2014年）

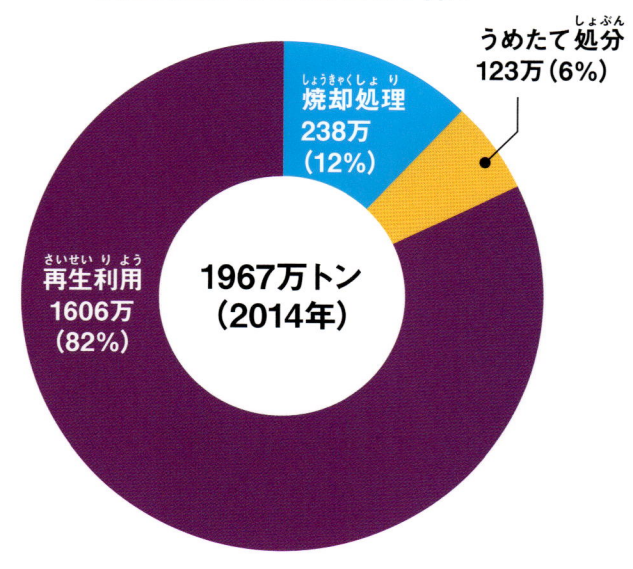

災害廃棄物の処理の内訳

- うめたて処分 123万（6%）
- 焼却処理 238万（12%）
- 再生利用 1606万（82%）

1967万トン（2014年）

環境省「東日本大震災における災害廃棄物処理について」より

東日本大震災の災害廃棄物の処理

一次仮置き場に保管する

（提供：宮城県仙台市）

↓

選別する

↓

コンクリートくず これらは破砕・選別後、おもに復興資材として再生利用。

津波によって土砂やさまざまな木片、プラスチック片などとまじりあっている可燃性混合物は、粗選別、機械選別などを行ったあと、燃やせるものは燃やす。燃やせないごみはうめたて処分。

漁具・漁網 津波により漁場から打ち上げられた漁具・漁網は、裁断したり鉛を取りのぞいたあと、うめたてる。

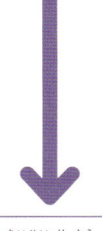  

再生利用　　　　焼却処理　　　　最終処分場でうめたて処理

（提供：環境省）

ごみのポイ捨てや不法投棄

不法投棄と不適正処理をなくすために

🍃ポイ捨て

　まちを歩くと、ごみが目に入ってきます。空きかん、びん、ペットボトル、レジ袋などです。これらは、雨に流され、風に飛ばされて、最後は海に流れこみます。

　まちの中では、公園や植えこみなど目立たないところにタバコのすいがらや空きかん、お弁当の容器がすてられているのを目にします。全国ではこのポイ捨てがどのくらいあるかわかりませんが、かなりの量になるでしょう。

　手軽に買って、手軽にすてる習慣がポイ捨てにつながっているのでしょうか。みなさんのまちではどうでしょう。

🍃不法投棄と不適正処理

　ポイ捨てはマナーの問題ですが、軽犯罪法違反になります。それに対して、量も多くより深刻な社会問題になるのが、産業廃棄物の不法投棄です。

　産業廃棄物は出した会社が、ごみの種類によって正しく処理する責任があります。処理を専門の業者にまかせることも認められています。産業廃

ポイ捨ての例

不法投棄の例

棄物の処理はお金がかかるので、こっそりすてる事件が昔はたくさんありました。

うめたてた廃棄物をほりおこして処理し、もとの状態にもどすには、大変な費用がかかります。そのため、国がその費用を負担するしくみがつくられています。大規模な不法投棄の場合には数百億円もかかり、税金が使われているのです。

また、焼却やうめたてなどの処理を行うとき、定められた方法にしたがわないことを不適正処理とよんでいます。環境に影響をあたえるかもしれないからです。リサイクルが義務づけられている家電製品を粗大ごみの収集に出すことも、法律上は不適正処理で、罰金の対象となっています。

もっと広く考えると、リサイクルできるものをごみにすることも、資源物（資源ごみ）からみると不適正な処理だということもいえます。

不法投棄のうつりかわり

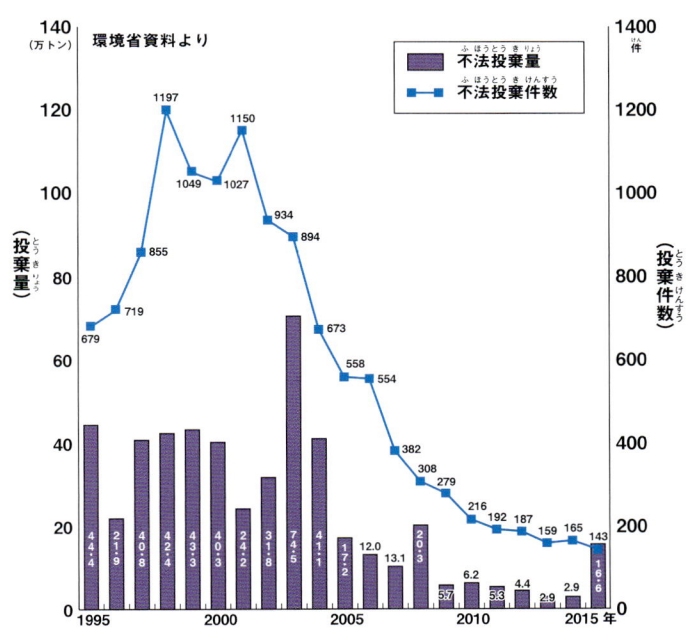

不法投棄の量と件数の変化 近年は量も件数もへっているが、まだまだなくならない。

♻ 家電の海外での不適切なリサイクル

　使用済みのテレビや冷蔵庫、エアコンなどの家電製品やパソコンなどには、有用な金属資源がふくまれている。なかでもパソコンやスマホなどの情報機器は、このシリーズの4巻でも取りあげたが、都市鉱山とよばれるほどに、レアメタルや貴金属が使われている。同時に、鉛やクロムのように有害なものもふくまれている。

　まだ使えるパソコンやプリンター、液晶モニターなどが日本から海外へと輸出されている。その数は2015年度で47万台以上にのぼる（情報機器リユース・リサイクル協会調べ）。

　これらはリユースされたり、金属スクラップとして出まわり、貴金属やレアメタルなどが取り出されている。作業をしている人々は、マスクや手袋をしないで直接燃やしたり、くだいたりしているため、健康に被害がでる危険がある。このような不適切な処理方法でのリサイクルが、国際的な問題になっている。

不適切なリサイクルの例 電子ごみが集まる、中国・広東省の貴嶼鎮では、金属資源を取り出すため、不適切なリサイクルが行われている。（2005年撮影 baselactionnetwork）

ごみをなくすために

自然の循環とゼロ・エミッション、エコタウン

植物・動物・微生物

　自然界では、ごみは出るのでしょうか？

　植物が太陽光線を利用して、水と二酸化炭素、土中の栄養素から、でんぷんをつくり、いらない「ごみ」として酸素を出します。

　動物はその酸素をすって生きています。そして植物のつくったでんぷんを食べ、そのかすをふんや尿として出します。それらは小さな動物や微生物の働きによって分解され、二酸化炭素や土中の栄養素にかわります。植物はそれらを利用して生長しているのです。

　自然界の物質はこのようなかたちで、むだなくめぐっているのです。

ゼロ・エミッションとエコタウン

　この自然界のつながりをまねて、ごみをなくそうという考え方があります。国連大学が1994年に提唱した、ゼロ・エミッションです。

　ゼロは0、エミッションは「すてる」ということです。つまり、ごみをすてないということです。

　たとえばある工場で製品を生産します、そのとき出たごみを別の工場が資源にして製品をつくる、さらにそのとき出たごみをまた別の工場が使う資源にして製品をつくるということです。これをくりかえして、ごみをゼロにしようという提案です。

　それを目指す工場群をエコタウンとよび、日本各地に建設されています。

自然界の循環

生産者

消費者

分解者

自然界は生産（植物）→消費（動物）→分解（小動物・微生物）の流れで、ものがむだなくまわっているのです。
そのしくみに近づけようとしているのがエコタウンよ。

おもなエコタウンの所在地

2017（平成29）年3月現在、エコタウンは全国26地域にある。県や市などが環境に配慮したまちづくりを進め、国がそれを支援する。

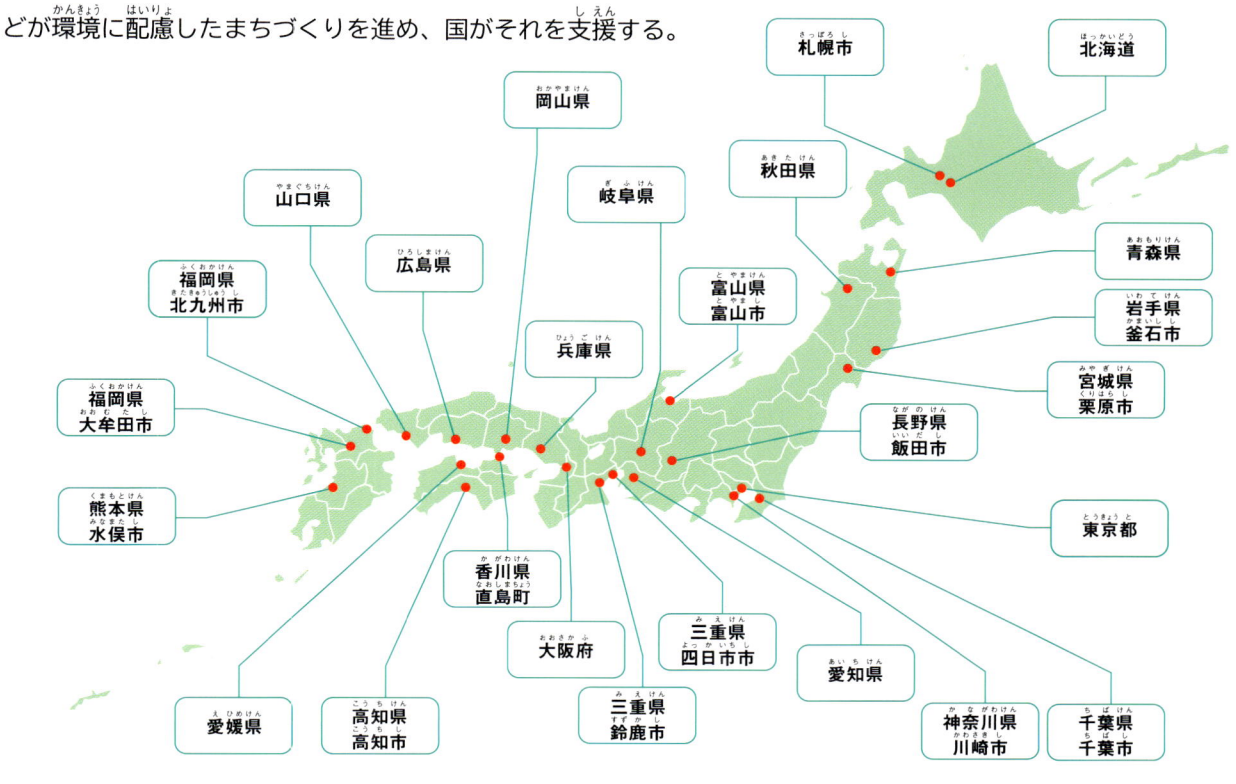

- 札幌市
- 北海道
- 岡山県
- 秋田県
- 山口県
- 岐阜県
- 青森県
- 広島県
- 富山県 富山市
- 岩手県 釜石市
- 福岡県 北九州市
- 兵庫県
- 宮城県 栗原市
- 福岡県 大牟田市
- 長野県 飯田市
- 熊本県 水俣市
- 東京都
- 香川県 直島町
- 大阪府
- 三重県 四日市市
- 愛知県
- 愛媛県
- 高知県 高知市
- 三重県 鈴鹿市
- 神奈川県 川崎市
- 千葉県 千葉市

環境省・経済産業省資料より

北九州市のエコタウン

日本でもっとも早くエコタウンをつくった福岡県北九州市では、リサイクル工場を1か所に集中させた「総合環境コンビナート」をつくり、さまざまな資源物（資源ごみ）をリサイクルしている。今では全市にエコタウン施設が広がっている。

資源物
- 廃容器包装
- 廃自動車
- 廃家電
- 廃OA機器
- 建設廃棄物
- 廃蛍光灯
- 食品廃棄物
- 廃遊戯具
- その他

さまざまな製品

リサイクル工場
響リサイクル団地／非鉄金属 小型家電／蛍光管／医療用具／ペットボトル／建設混合廃棄物／自動車／OA機器／家電／総合環境コンビナート

素材
- ガラス
- 骨材
- 飼料・肥料
- 製紙
- セメント
- 素材（鉄・非鉄）
- その他
- 燃料
- プラスチック
- 木質製品
- 金属

（提供：北九州市）

39

わたしたちはどうしたらよいのか

消費者としての責任

ごみをへらすには

高度経済成長は、食べる物も着る物も少なかった60年以上も前の大人たちが、なんとか豊かになりたいと働いた結果でした。

そのためにごみの量がふえ、処理にこまる種類もふえました。健康への影響や環境破壊をくいとめ、地球温暖化をこれ以上進めないためにも、ごみをへらすことが、とても大切です。

3Rといわれるリデュース (Reduce：ごみの量をへらす)・リユース (Reuse：くりかえし使う)・リサイクル (Recycle：資源にもどして使う) のうち、とくにリデュースやリユースが優先されるのは、ごみの量をへらす取り組みだからです。

燃やしてうめるごみ処理から、資源として分別して、残ったごみの発生をへらそうという考え方にゼロ・ウェイスト（ごみゼロ）があります。

日本では、徳島県上勝町や福岡県大木町、神奈

くらしの中でできること

ムダなものを買わない。

人にゆずる。
フリーマーケットを利用する。

長く大切に使う。

生ごみを出さない。
食べ残しをなくす。

川県葉山町などの取り組みが知られています。これらの町ではごみを 30 種類前後に分別して、資源としていかすよう住民によびかけています。

しかし、こうした多分別は、東京や大阪といった大都市には、なかなか広まりません。

ごみ処理は、市町村に住む住民の思いがまとまらないとなかなか進まないのです。

🍃 わたしたちにできることは

わたしたちは、毎日のように食べ物や飲み物を買います。買うときにどんな製品を選ぶかが、じつは大きな意味でごみの処理と関係します。ごみになったときのことを考えて、買い物をするとよいでしょう。

たとえば、製品をつくる段階で、容器や包装をかんたんにしたり、リサイクルしやすいくふうをしたりしても、買う人がいなければその製品は広まりません。せっかくなら、リサイクルしやすいものを選ぶとよいでしょう。

新しい製品が出たらすぐに買いかえるのではなく、長く大事に使うと、ごみをへらし、資源を大切にすることになります。

ごみをへらすには、生産する人、それを売る人、そして買う人がそれぞれに考えて行動しなければなりません。だれもが消費者なのですから。

集団回収に出す。

すくないね！

まあね

ごみをへらすことがこれからは、ますます大切になります。

資源回収ボックスを利用する。

市町村の資源回収に出す。

もっとくわしく知りたい人へ

くらしの中のごみ

ごみと資源とエネルギー

わたしたちが「ごみ」として出しているものは、みな、何らかの資源とエネルギーを使ってつくられたものです。工業製品だけではありません。食べ物も農業・漁業で機械を使い、加工や運送にも資源とエネルギーを使っています。

それらを使っていらなくなったからといって、すててしまうのでは、資源のむだ使いになります。日本は、石油や鉄鋼、銅、アルミニウム、飼料の穀物などの資源や製品を年8億トン以上も輸入し、国内の資源と合わせて16億トンもの資源や製品を利用しています。その約26％がごみになっています。しかし、使いおわった製品から材料の資源を回収してリサイクル（再生利用）すれば、資源を節約できます。

資源の輸入でとくに多いのが石油や天然ガスです。これらは、発電や自動車の燃料にかかせません。地球温暖化の進行を少しでもおさえるためには、エネルギーを節約して、石油や天然ガスの消費をおさえることも大切です。

くらしの変化とごみ

現在は大量生産・大量消費・大量廃棄の時代だといわれます。ものを大量につくって、たくさん使い、大量にすてるようになったということです。では、いつごろから、そのようになったのでしょうか。

大きな区切りになったのは、高度経済成長でした。それはアジア・太平洋戦争（1941〜45年）後、10年くらいたったころから始まりました。戦争で工業地帯のほとんどが焼け野原になったあと、1960年代になると、急速に工業・商業が発展しはじめ、1970年代にかけて、高度経済成長期とよばれる時期になったのです。

【高度経済成長期のころの日本】高度経済成長は日本の社会に大きな変化をもたらしました。たとえば、1960年の総人口は9342万人でしたが、80年には1億1706万人になり、20年間で25％もふえました。また、働く場所の工場や会

4つの大きな公害がおこったところ

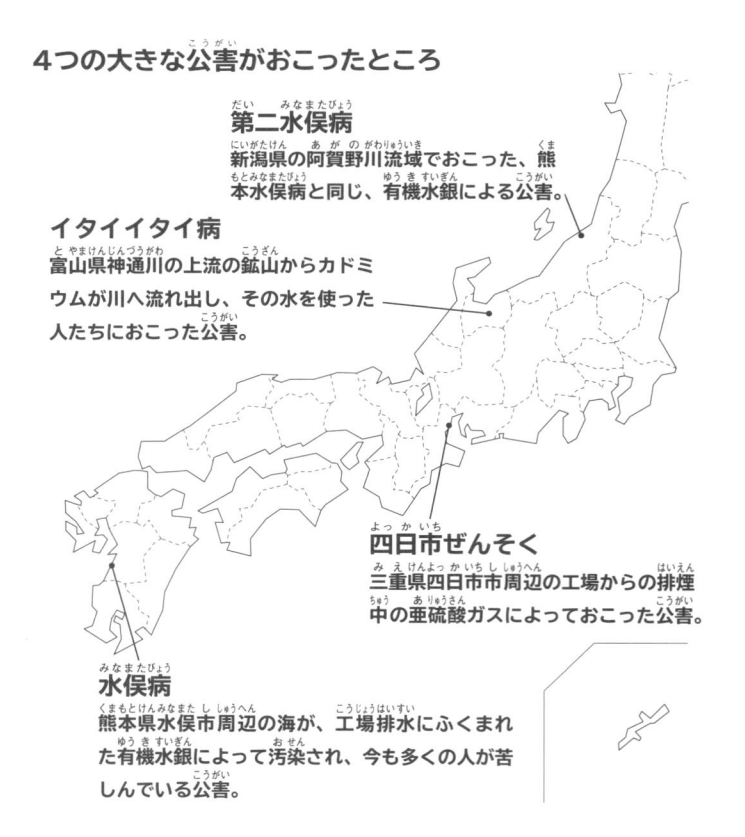

第二水俣病
新潟県の阿賀野川流域でおこった、熊本水俣病と同じ、有機水銀による公害。

イタイイタイ病
富山県神通川の上流の鉱山からカドミウムが川へ流れ出し、その水を使った人たちにおこった公害。

四日市ぜんそく
三重県四日市市周辺の工場からの排煙中の亜硫酸ガスによっておこった公害。

水俣病
熊本県水俣市周辺の海が、工場排水にふくまれた有機水銀によって汚染され、今も多くの人が苦しんでいる公害。

社がある都市に農村や山村から人が移動し、都市の人口が急増しました。

【家庭電化と自動車の普及】電気洗たく機、テレビ、掃除機など、いろいろな家電製品が広まり、「家庭電化」がおこりました。自動車も普及しはじめました。

そのころから、日本は鉄鉱石や石油などの資源を輸入し、工業製品をさかんに輸出するようになりました。京浜・中京・阪神などの工業地帯・地域が発展しましたが、工場の排煙や自動車の排気ガスによる大気汚染、工場の廃水や都市の生活排水によって川や海の水が汚染され、日本各地で公害がおこりました。

さまざまなごみ問題と課題

高度経済成長期をへた日本では、身の回りに工業製品があふれ、豊かになった結果、食品ロスに代表されるような「ものあまりの時代」になりました。そのため、大量のごみをどう処理するかという問題と、環境の悪化によるさまざまな公害に苦しむようになりました。

公害やごみ問題が深刻化するなか、1967（昭和42）年には公害対策基本法、1970年には廃棄物処理法ができました。その翌年、環境庁（現在の環境省）が誕生しました。1972年には『成長の限界』という科学者たちの報告書に「人口増加や環境悪化、資源消費がこのまま続くと、地球は破局をむかえる」と記され、世界中に衝撃をあたえました。

【清掃工場の排ガス問題】1980年代には、清掃工場から出る煙の中に水銀がふくまれていることがわかりました。その後、電池メーカーは電池に水銀を使わなくなりました。

1990年代には、清掃工場の排ガスにダイオキシン類がふくまれていることが、大きな社会問題になりました。その結果、現在では焼却炉の性能と運転方法のくふうにより、ダイオキシン類の発生はおさえられるようになりました。

【フロン類】フロン類は、冷蔵庫などの冷媒（このシリーズの4巻参照）として広く使われました。1970年代に、フロン類の中に大気のオゾン層を破壊するものがあることがわかり、製造や使用が禁止されました。

【PCB】PCB（ポリ塩化ビフェニール）は、電気製品や塗料、ノンカーボン紙などに使われましたが、発がん性や、皮膚、内臓に有害であることがわかり、使用も製造も中止されました。

【地球温暖化】化石燃料や、それを原料につくられたプラスチックを燃やすと、地球温暖化を進める温室効果ガスの二酸化炭素が発生します。二酸化炭素の排出をおさえることが現在の世界の課題になっています。

【有限な資源】高度経済成長は、多くの国でおこりましたし、今も急速に経済が発展している国々があります。人口も世界全体では増加し、食料や燃料などの資源がもっと必要になります。しかし、成長をささえる資源にはかぎりがあります。未来に向け、持続可能な社会はどうしたらつくれるのかということも、大きな課題となりました。

現代のごみ処理の考え方と課題

現代のごみ処理には、衛生面、環境面、地球温暖化を進行させない、最終処分場を長もちさせる、有限な資源の持続的利用という5つの課題があります。そのため、2001（平成13）年に循環型社会形成推進基本法が施行されました。

この法律のおおもとには、1970（昭和45）年に公害や環境問題の経験からつくられた廃棄物処理法の「汚染者負担の原則」（環境をよごした人にそれを処理・回復する責任がある）と

1990年代から広まった拡大生産者責任（生産や販売をした事業者にリサイクルの責任がある）という考え方があります。

拡大生産者責任は、容器包装リサイクル法で最初にとりいれられました。そのほか、家電・食品・建設・自動車・小型家電を対象にリサイクル法が定められています。

現在は、さらに、さまざまな課題があります。

たとえば、日本では台風や洪水、地震、津波、火山の噴火などさまざまな災害がおこります。そうした災害がおこると、災害廃棄物とよばれる大量のごみがいちどきに出ます。

家庭から出る、使われなくなったパソコンやスマホなどは電子ごみといわれます。電子ごみには金やレアメタルのほか、鉛やクロムなどのように、人体に有害なものがふくまれているので、回収とリサイクルをきちんとする必要があります。

また、とくに問題になっているのが東アジアや東南アジアで行われている不適切なリサイクルで、マスクも手袋もしないで直接処理している人たち、特に子どもたちの健康が心配されます。

わたしたちはどうしたらよいか

ごみはリデュース（発生抑制）したり、リユース（再使用）やリサイクル（再生利用）をくりかえした結果、どうしても残ったもの（残余ごみ）と考えられています。

これからの衛生・環境・地球温暖化の問題・資源の有限性を考えると、ごみにできるだけしないことが必要です。そのためには、わたしたちはよりかしこい市民や消費者になる必要があります。その製品がどうつくられ、どう処理されていくのかを学ぶことが大切です。

すぐにはごみに出さない、できるだけ長もちするものを買うようにする心がけもかかせません。

参考になるサイト

たくさんのサイトがあります。名前を入れて検索してみてください。

環境について

▶環境省「こども環境省」
▶国立環境研究所「いま地球がたいへん！リンク集」
▶日本環境協会「こどもエコクラブ」

ごみとリサイクルについて

▶資源・リサイクル促進センター「小学生のための環境リサイクル学習ホームページ」

食品ロス・フードバンクについて

▶農林水産省
▶セカンドハーベストジャパン
▶消費者庁
▶東京都二十三区清掃一部事務組合キッズコーナー

全巻さくいん

監修 **松藤 敏彦**（まつとう　としひこ）

1956年北海道生まれ。北海道大学卒業。廃棄物工学・環境システム工学を専門とする。廃棄物循環学会理事(元会長)。工学博士。北海道大学名誉教授。ごみの発生から最終処分まで、ごみ処理全体を研究している。主な著書に、『ごみ問題の総合的理解のために』（技報堂出版）、『環境問題に取り組むための移動現象・物質収支入門』（丸善出版）、『環境工学基礎』（共著・実教出版）、『廃棄物工学の基礎知識』（共著・技報堂出版）など多数ある。

文 ……………………… 大角修
表紙作品制作…… 町田里美
イラスト ………… 大森眞司
撮影 ……………… 松井寛泰
デザイン ………… 倉科明敏（T.デザイン室）
DTP …………… 栗本順史（明昌堂）
校正 ……………… 鷹羽五月
企画・編集 ……… 渡部のり子・伊藤素樹（小峰書店）／大角修・佐藤修久（地人館）
協力 ……………… 相模原市
写真提供 ………… 環境省／北九州市／全国フードバンク推進協議会／東京都／宮城県／ピクスタ

主な参考文献

環境省編『環境白書・循環型社会白書・生物多様性白書』『一般廃棄物処理実態調査結果』『環境統計集』『指定廃棄物の今後の処理の方針について』／松藤敏彦他『環境工学基礎』（実教出版）／松藤敏彦『ごみ問題の総合的理解のために』（技報堂出版）／廃棄物・３R研究会『循環型社会キーワード事典』（中央法規出版）／エコビジネスネットワーク（編集）『絵で見てわかるリサイクル事典—ペットボトルから携帯電話まで』（日本プラントメンテナンス協会）／高月紘『ごみ問題とライフスタイル—こんな暮らしは続かない』（日本評論社）／半谷高久監修『環境とリサイクル全12巻』（小峰書店）

調べよう　ごみと資源①
くらしの中のごみ

NDC518　47p　29cm

2017 年 4 月 8 日　第 1 刷発行　　2022 年 4 月 10 日　第 5 刷発行

監修　　　松藤敏彦
発行者　　小峰広一郎
発行所　　株式会社小峰書店　〒162-0066 東京都新宿区市谷台町 4-15
　　　　　電話 03-3357-3521　FAX 03-3357-1027　https://www.komineshoten.co.jp/
組版　　　株式会社明昌堂
印刷・製本　図書印刷株式会社

©2017 Komineshoten Printed in Japan　　　　ISBN978-4-338-31101-4